GUIA DA CONSTRUÇÃO CIVIL
do canteiro
ao controle
de qualidade

Nelson Newton Ferraz

GUIA DA CONSTRUÇÃO CIVIL
do canteiro
ao controle
de qualidade

Copyright © 2019 Oficina de Textos

1ª reimpressão 2021 | 2ª reimpressão 2024

Grafia atualizada conforme o Acordo Ortográfico da Língua Portuguesa de 1990, em vigor no Brasil desde 2009.

CONSELHO EDITORIAL   Arthur Pinto Chaves; Cylon Gonçalves da Silva; Doris C. C. K. Kowaltowski; José Galizia Tundisi; Luis Enrique Sánchez; Paulo Helene; Rozely Ferreira dos Santos; Teresa Gallotti Florenzano

CAPA E PROJETO GRÁFICO Malu Vallim
DIAGRAMAÇÃO E PREPARAÇÃO DE FIGURAS Victor Azevedo
PREPARAÇÃO DE TEXTO Hélio Hideki Iraha
REVISÃO DE TEXTO Natália Pinheiro Soares
IMPRESSÃO E ACABAMENTO Mundial gráfica

Dados Internacionais de Catalogação na Publicação (CIP)
(Câmara Brasileira do Livro, SP, Brasil)

Ferraz, Nelson Newton
    Guia da construção civil : do canteiro ao controle de qualidade / Nelson Newton Ferraz. -- São Paulo : Oficina de Textos, 2019.

    Bibliografia.
    ISBN 978-85-7975-341-1

    1. Construção 2. Construção civil – Orçamentos 3. Controle de qualidade – Manuais 4. Engenharia civil 5. Planejamento I. Título.

19-29595   CDD-690

Índices para catálogo sistemático:

1. Obras : Execução : Construção civil 690

Iolanda Rodrigues Biode - Bibliotecária - CRB-8/10014

Todos os direitos reservados à OFICINA DE TEXTOS
Rua Cubatão, 798
CEP 04013-003 São Paulo-SP – Brasil
tel. (11) 3085 7933
site: www.ofitexto.com.br
e-mail: atendimento@ofitexto.com.br

Uma apreciação

O Engenheiro Construtor Nelson Newton Ferraz teve a excelente ideia de organizar e publicar neste livro vários itens de sua marcante experiência em obras, tanto residenciais como industriais. Resultou, então, em um conjunto de orientações, muitas das quais inéditas, que servem como uma bússola para os jovens profissionais. Se muitos engenheiros, arquitetos e construtores fizessem como o Eng. Nelson fez neste livro, detalhando assuntos importantes e também detalhes sobre o planejamento e a execução de obras, toda a sociedade ligada à Construção Civil evoluiria. Temos a obrigação de ensinar aos mais jovens colegas o que aprendemos na nossa prática profissional.

Vocês, caros leitores, gostarão deste livro, e, com a leitura e o seguimento das providências aqui recomendadas, suas obras serão melhores, mais rápidas e menos custosas.

Boa leitura, e façam como o Eng. Nelson: um dia, repassem às novas gerações que nos sucederão o que aprenderam com suas práticas profissionais.

Manoel Henrique Campos Botelho
Engenheiro Civil
Agosto de 2019

Nota – um microrrelato histórico e muitíssimo importante para toda a minha vida profissional: no meu primeiríssimo dia de trabalho, meu chefe, o Eng. Max Lothar Hess, orientou-me:

Se um documento for de pequena importância, obrigatoriamente ponha data nele. Se o documento for de alta importância, julgue você mesmo se ele precisa ou não ter data...

Essa micro-orientação me foi útil em toda a minha vida profissional. Façam como um dia fez meu chefe e como está fazendo o Eng. Nelson Newton Ferraz:

Formem gerações.

Agradecimentos

Especial agradecimento ao prezado *Engenheiro Walid Yazigi*, que não conheço pessoalmente, autor do livro *A técnica de edificar*, que me serviu de guia nas horas de incerteza sobre algumas práticas em que, dado o tempo que se passou e a evolução das técnicas construtivas, fiquei em dúvida, particularmente nos detalhes. E ele me esclareceu! Recomendo o seu livro para elucidar quase todas as técnicas construtivas em detalhes.

Muito obrigado ao colega e amigo *Engenheiro José Eduardo Wanderlei de Albuquerque Cavalcanti*, que me sugeriu e me incentivou a escrever este livro, apoiando-me o tempo todo!

Também devo um especialíssimo agradecimento ao também colega e amigo *Engenheiro Manoel Henrique Campos Botelho*, que dispendeu seu tempo e sua dedicação efetuando várias e fundamentais revisões de todo o texto, oferecendo valiosíssimas sugestões, pelas quais reitero os meus mais sinceros agradecimentos!

São Paulo, agosto de 2019
Nelson Newton Ferraz

Prefácio

Esta obra se destina a todo aquele que quer iniciar ou se aprimorar na carreira da nobre arte construtiva. O objetivo não é realmente ensinar a executar uma tarefa ou serviço dentro de uma obra, mas sim explicar como e por que se faz aquele serviço. Não é necessário ter a habilidade de assentar tijolos para executar uma parede, contudo é preciso saber como se executa esse serviço para poder acompanhá-lo e/ou supervisioná-lo. Para todos os serviços, a ideia é exatamente essa: eu não executo tal tarefa, mas sei exatamente como (e por que) se deve executá-la. Lembre-se sempre de que você terá a responsabilidade técnica objetiva sobre todos os serviços executados, e uma pequena falha pode vir a ser desastrosa!

Considere, no entanto (palavras de consolo!), que dificilmente uma única falha pode levar a um desastre de maiores proporções. Geralmente é o acúmulo de várias falhas que leva a tal situação. Isso não significa que podemos ser condescendentes com uma pequenina falha. Acontece que, talvez, sem que você tenha percebido, ocorreram ou vão ocorrer algumas (pequenas?!) falhas antes ou depois, que, acumuladas com aquela pequenina falha que você percebeu, mas perdoou, levam a um desastre!

Assim, temos aqui um primeiro princípio: *falha percebida tem que ser corrigida!* Na impossibilidade disso (acontece), deve-se tomar medidas acauteladoras e preventivas. Registre o problema em um sistema de anotação e *não se esqueça dele até que seja definitivamente superado!!!*

É claro que em algum momento ele será superado e deixará de ser importante. Caso isso não aconteça, então você errou em seu julgamento e ele tinha que ser corrigido, sim. Se, após estudar acuradamente o assunto, você não tiver a solução, chame alguém com mais experiência para auxiliá-lo: divida a responsabilidade, é mais seguro.

Em alguns tópicos, vamos mostrar detalhadamente como se faz um determinado serviço. É claro que não será você a executar pessoalmente aquele serviço, porém terá condições de saber se o que está sendo feito pelo profissional está de acordo com a técnica e a estética requeridas para a tarefa. Aliás, você pode até tentar fazer o serviço como experiência, mas verá que lhe faltarão duas coisas importantes: prática e habilidade. E são exatamente elas que lhe dariam condições para executar um serviço rápido, bem-feito e esteticamente adequado. Se não for esse o caso para você, aprimore-se e adquira prática em supervisionar e fiscalizar a execução dos serviços, o que realmente também exige prática, como tudo na vida, aliás, principalmente na vida profissional.

Outro aspecto deste trabalho é que adotamos dois enfoques distintos para a questão das obras:

1. *Você está na obra (Caps. 1, 2 e 3):* descrição e discussão dos serviços sequencialmente no campo. Vamos à obra acompanhar os serviços executados, desde a sondagem até a pintura, passando por fundações, estruturas, alvenarias, coberturas etc. Não se trata de ensinar a fazer, isso só ocorre em alguns casos, mas principalmente considerar a sequência dos serviços e o que fazer para acompanhar seu andamento e dar apoio aos profissionais que os executam diretamente. O objetivo é fazer a obra andar e acontecer da melhor forma possível, evitando entraves e atrapalhações que tanto perturbam seu andamento normal.

2. *Aqui você já subiu de posto, foi promovido (Cap. 4):* agora você está no escritório da empresa, tendo como tarefa atender a um cliente que quer executar uma obra de médio a grande porte. Pode ser um prédio de alguns andares, uma indústria, uma escola de bom tamanho e até uma estrada, um viaduto, uma base espacial (por que não?!). Aqui o problema já é outro, além daqueles que a gente viu na primeira parte, que, aliás, continuam existindo, mas agora você tem um residente que está à frente da obra e faz o que você fazia no começo de sua carreira. Além da construção da obra que você supervisiona, existe muita coisa "antes". Agora você precisa estudar o projeto em profundidade, planejar sua execução e depois orçá-lo, lembrando que certamente sua empresa estará concorrendo com outras nessa lide. É um outro enfoque para o mesmo problema, que é fazer a obra funcionar e dar lucro, pois, se isso não acontecer, na melhor das hipóteses você dança, e na rua! Você que está começando a carreira (até ingrata, mas, para quem gosta, uma cachaça!) vai ter uma visão do que o espera mais adiante!

As obras menores não podem ser gerenciadas da mesma maneira que as grandes, já que você não terá meios (grana!) para isso. Então, o planejamento é bastante simples, embora exista, mesmo incipiente, e deve ser feito. Quanto ao orçamento, não há que ser muito diferente, apesar de sua itemização ser muito menor: será necessário um levantamento dos quantitativos, a elaboração de uma planilha e a composição unitária de preços, exatamente como na obra grande. Assim, o que muda na verdade é só o planejamento, que, numa obra grande, deve ser muito mais complexo, além do tamanho da encrenca, que é muito maior. Uma obra média terá, quando muito, 50 itens no orçamento. Já numa obra grande esse número sequer terá limite, pois depende muito do tipo de obra, mas, seguramente, não haverá menos que 200 itens! Pode acreditar que existem obras com mais de 2.000 itens, como uma refinaria ou uma usina siderúrgica, por exemplo.

Na verdade, essa é a vida de um "peão" de obra: você nunca deixará de observar uma construção sem fazer uma análise crítica do que está sendo – ou já foi – feito ali! Essa mania você pegou (ou vai pegar) ao longo do primeiro item mencionado anteriormente. E é como andar de bicicleta, você nunca mais esquece, mesmo porque ali você agrega conhecimento com técnica e disposição física, pois anda o dia todo, sobe e desce escadas e andaimes, enfia-se em buracos e desvãos e por aí vai! E vai mesmo, aprendendo o tempo todo e com todo mundo: na obra todo mundo é aluno e professor, você ensina alguma coisa a um encarregado e logo adiante um servente lhe ensina outra coisa de muita utilidade e que você não sabia...

Lembre-se da música do Gonzaguinha e tenha orgulho de ser "um eterno aprendiz"!

Este livro é composto de quatro módulos:
- Cap. 1 – Procedimentos iniciais da obra;
- Cap. 2 – Procedimentos administrativos;
- Cap. 3 – A construção;
- Cap. 4 – O planejamento com o orçamento, integrados.

Sumário

1. Procedimentos iniciais da obra 13

1.1 Etapa 1 – Licenciamentos institucionais e legais (Prefeitura, INSS, instituições etc.) e atividades de apoio à obra...................... 13

1.2 Etapa 2 – Análise do projeto construtivo e eventual necessidade de complementações.. 17

1.3 Etapa 3 – Planejamento no local da obra... 20

2. Procedimentos administrativos 25

2.1 Etapa 1 – Programação de aquisições de materiais e critérios para compras 25

2.2 Etapa 2 – Contratação de fornecedores e subempreiteiros 34

2.3 Etapa 3 – Segurança do trabalho e cuidados com o meio ambiente... 38

3. A construção 43

3.1 Etapa 1 – Obras civis: elementos básicos 43

3.2 Etapa 2 – Instalações elétricas, hidráulicas, sinalização e outras...... 90

3.3 Etapa 3 – Revestimentos e acabamentos 101

4. O planejamento com o orçamento, integrados 115

4.1 Preliminares.. 115

4.2 Projetos e orçamentos... 118

4.3 Planejamento, programação e controle da obra (básicos e executivos!) 123

4.4 Planejamento.. 125

4.5 Orçamento básico... 139

4.6 Replanejando 145
4.7 Cronogramas Gantt, PERT e CPM 146
4.8 Programação dos trabalhos da obra 158
4.9 Controles da obra 162
4.10 Fim da obra: análises de desempenho 176
4.11 Considerações finais 180

Anexos   181

Anexo 1 Modelos de impressos 181
Anexo 2 Granulometria de solos 186

Índice remissivo   187

Procedimentos iniciais da obra

Caro amigo e colega, estamos iniciando uma viagem através do mundo da Construção. Vamos tentar virá-la de pernas para o ar, esmiuçar tudo a respeito desse assunto, embora sem nos aprofundarmos nos detalhes mais sórdidos, se é que isso é possível. Na verdade, essa é uma viagem turístico-instrutiva e serve para indicar alguns caminhos a serem percorridos nessa empreitada. Não a empreitada de executar a obra, mas sim a de compreendê-la e dirigi-la e/ou fiscalizá-la. Só que a obra se inicia muito antes de chegar ao campo: há que se elaborar o projeto, detalhá-lo a um certo nível, aprová-lo junto ao proprietário da obra e às autoridades competentes (o que), localizá-lo no espaço (onde), fazer um planejamento da obra (como) e, na sequência, elaborar um orçamento (quanto). Note que todas essas atividades estão interligadas, umas dependem das outras. Então, observe que, antes de chegar às suas mãos, a obra já tinha começado. E faz tempo. Senão, vejamos: se você não é projetista, então ela já é um projeto feito (pode até não ser acabado...), ela já tem um esboço de orçamento (estimativa de custos...), e é claro que já tem também um local onde será executada. Talvez já possua até um cronograma esboçado! Se já tem tudo isso, ela só depende realmente de seu preço para que o cliente a aprove e você parta para a execução.

E ele a aprovou! Então, agora é partir para a luta, mãos à obra – literalmente!

É, mas falta muita coisa ainda! Vamos ver?

1.1 Etapa 1 – Licenciamentos institucionais e legais (Prefeitura, INSS, instituições etc.) e atividades de apoio à obra

1.1.1 Listagem das instituições envolvidas (clientes)

Um ponto importante num empreendimento é saber com quem estamos lidando e a quem e a que ele se destina. Se é uma indústria, uma residência, uma igreja, um prédio público ou uma escola, entre outras inúmeras alternativas, temos que dar um tratamento adequado a cada uma delas. Eventualmente, a obra pode ser de mais de uma instituição, com objetivos e interesses diferentes e, às vezes, até conflitantes. Então, prepare-se, pois haverá muito conflito nessa obra. Você pode até pensar que não vai se envolver, pois não tem nada com isso – ledo engano: mais dia, menos dia, você estará atolado na briga até o pescoço (às vezes até o último fio de cabelo!). O melhor é não entrar na briga e, para tal, você deve estar preparado. Entendeu agora por que esse é o primeiro item dessa listagem? Comece a se preparar desde o começo! Não há fórmula nem receita segura para isso!

1.1.2 Relação das exigências de cada instituição

Este é um ponto importante: estude a(s) instituição(ões) dona(s) da obra e elabore uma lista de questões a serem apresentadas a ela(s) separadamente numa primeira rodada, ou seja, faça uma entrevista em particular com cada instituição. Anote cuidadosa e detalhadamente as respostas, identifique as questões que faltaram, elabore-as e, então, faça uma segunda ou mesmo uma terceira entrevista. Mais do que isso, só em caso excepcional, porque os clientes podem ter uma impressão de insegurança a seu respeito. Guarde as dúvidas restantes (com certeza elas existirão) para outra(s) oportunidade(s).

Ainda nesse quesito, avalie a possibilidade de uma entrevista conjunta com todas as entidades envolvidas. Isso tem que ser feito com muito tato para evitar conflitos, os quais podem até comprometer a execução da obra.

1.1.3 Elaboração de projetos para a Prefeitura

Se você não vai elaborar os projetos, pule este item e os próximos, pois não lhe dizem respeito nesse momento. No entanto, se você for participar desse trabalho, as entrevistas indicadas no item anterior devem ser muito mais detalhadas e direcionadas para esses aspectos que serão discutidos. Sinceramente, penso que essa é uma tarefa mais para arquitetos do que para engenheiros, pois eles são mais preparados para tal. Ao engenheiro cabe fazer a análise e a crítica do projeto, não com relação à sua qualidade, mas sim no que se refere à sua exequibilidade: se atende às normas e posturas das entidades públicas (Prefeitura e secretarias) e privadas de fiscalização e, eventualmente, das empresas fornecedoras dos produtos que se pretende empregar na obra. É muito ruim contar com um fornecedor e, na "hora H", verificar que o projeto é incompatível com o produto dele. Isso deve ser mais bem observado no item seguinte, mas é bom considerá-lo a partir de agora.

1 | Procedimentos iniciais da obra

1.1.4 Elaboração de anteprojetos primários (projeto básico) e projetos institucionais

Por *projeto básico*, entende-se o projeto de arquitetura, desenhado na escala 1:100 ou 1:50, constituído de plantas baixas e cortes transversal e longitudinal, além da fachada. É integrado também por um memorial descritivo detalhado no nível de anteprojeto e por um orçamento básico ou estimativa de custo para a execução do projeto.

Aqui, "a porca começa a torcer o rabo": o projeto para a Prefeitura é uma ideia que pode até ser boa, mas com certeza está incompleta. E ainda continuará assim até o fim deste item: o projeto básico é uma ideia muito melhorada em relação ao projeto para a Prefeitura. Nele, desenvolvemos melhor as ideias apresentadas, com maior detalhamento dos pontos mais críticos e obscuros, eliminamos algumas inconsistências e aplicamos conceitos mais objetivos de uso e aplicação da edificação a ser construída. Na verdade, este item é uma sequência orgânica do anterior: quando terminar aqui, você deve retornar ao projeto para a Prefeitura e ajustá-lo adequadamente para compatibilizá-los. Agora, sim, podemos dar entrada na documentação.

1.1.5 Entrada e acompanhamento da documentação

Está tudo pronto para dar entrada na Prefeitura? Não, falta o memorial descritivo a ser enviado para a Prefeitura. Infelizmente, o memorial exigido pelas Prefeituras é tão pobre que nem merece esse nome pomposo. Limita-se a descrever muito parcimoniosamente os elementos básicos da edificação. Na verdade, esses documentos costumam ser tão fluidos e vagos que parecem todos iguais: servem para qualquer obra, seja ela uma igreja, um edifício residencial ou uma delegacia de polícia. Se o arquiteto/engenheiro for zeloso e resolver caprichar, fazendo um memorial como ele deve ser feito, e enviá-lo para a Prefeitura, certamente terá problemas, pois despertará dúvidas que darão motivo a inúmeros Comunique-ses. É melhor simplificar, conforme os humores da casa. Mas, para a obra, o memorial descritivo deve ser detalhadíssimo e extremamente realista e honesto. Isso será motivo de considerações mais adiante.

Encaminhou-se e deu-se entrada na documentação na Prefeitura e em outros órgãos competentes, dependendo da localização e da destinação da obra. Agora é aguardar as observações e considerações das autoridades competentes.

1.1.6 Atendimento das exigências e Comunique-ses

O projeto e seus anexos apresentados à Prefeitura deverão ser analisados e avaliados por engenheiros/arquitetos, que considerarão suas adequações às normas e posturas em vigor naquela repartição pública. Evidentemente vocês, as partes interessadas, pesquisaram prévia e detalhadamente esses elementos ao longo da elaboração do projeto. Contudo, também é evidente que podem surgir dúvidas ao longo desse processo, e isso deverá ser acompanhado com toda a atenção por quem está encarregado dessa tarefa – que dificilmente é o arquiteto/engenheiro da obra, mas ele deve estar ciente do que está ocorrendo. As dúvidas dos funcionários da Prefeitura devem ser esclarecidas com objetividade, evitando sempre discussões estéreis que não levam a nada. As entrevistas e conversas verbais devem ser evitadas; prefira sempre responder nos autos, como diria um advogado experiente, ou seja, responda por escrito. *As palavras faladas voam, as escritas ecoam.* Escreva a resposta aos Comunique-ses sempre de maneira sucinta, clara e objetiva, não faça romance, não seja prolixo! Quanto mais curta e grossa for a resposta, melhor será seu efeito. Nunca tente defender o indefensável: se há um erro ou uma inconsistência, corrija-os de fato, não tente "consertá-los".

1.1.7 Elaboração do projeto executivo

Por *projeto executivo*, entendem-se os projetos de arquitetura, estrutural, elétrico e hidráulico detalhados, desenhados na escala 1:100, 1:50, 1:25 ou 1:20 ou em qualquer outra que seja mais adequada à perfeita compreensão do projeto por todas as partes envolvidas na execução da obra. O memorial descritivo, bem como o orçamento executivo que o acompanha, deve ser detalhado no nível necessário para a execução completa da obra.

Bem, agora "a porca torceu o rabo" de vez! Agora é para valer! Daqui para a frente não pode mais haver falha e, justamente por isso, o projetista deve trabalhar em conjunto com o executor da obra. Essa conduta é muito importante nesse momento, pois estamos falando da execução da obra, e não mais de um mero projeto, ou seja, um conjunto de boas ideias.

Na verdade, as etapas 1 e 2, em certa medida, podem ser executadas simultaneamente, pelo menos em parte: a conferência das medidas no terreno onde será executada a obra é fundamental. Já tive a oportunidade de descobrir, por exemplo, que o terreno onde seria executada uma obra tinha sido invadido (a cerca havia "caminhado" aproximadamente 5 m). Desse modo, é bom verificar tudo antes de começar.

1.1.8 Autorização para o início da obra

Tudo aprovado pela Prefeitura, projeto básico de acordo e projeto executivo e detalhamentos em andamento, está na hora de começar a obra. É evidente que nessa altura o canteiro de obras já estará pronto (ou pelo menos deveria estar!), pois não há a necessidade de aguardar todos os trâmites do processo de aprovação para construí-lo; então, quando sai a aprovação do projeto, o canteiro já estará pronto, com alguns materiais estocados e mão de obra a postos, em condições de dar início aos

1 | Procedimentos iniciais da obra

trabalhos. Porém, antes de nos debruçarmos sobre esse aspecto, vamos fazer uma pequena revisão, para verificar se realmente está tudo em ordem. Evidentemente essa revisão deve ser feita de modo concomitante com os trabalhos descritos nos itens anteriores e terminar justamente quando se dá início aos trabalhos de campo, ou seja, quando se obtém a autorização para iniciar a obra.

1.2 Etapa 2 – Análise do projeto construtivo e eventual necessidade de complementações

Em teoria, essa etapa deveria ser executada simultaneamente à etapa 1 e terminar junto com ela. Na realidade, no entanto, as coisas não ocorrem bem assim, o que não impede que as obras tenham início. O motivo é muito simples: o detalhamento de projeto é um processo contínuo e se prolonga até o fim da obra – a cada momento, a cada ajuste ou mesmo a cada alteração no projeto poderá ser exigido um detalhamento específico, e isso será objeto de um retorno a essa atividade. No entanto, para quem não participou da elaboração do projeto e está recebendo-o agora na obra, será necessário um pouco de atenção aos itens a seguir. Temos, então, as seguintes ações a que dar andamento:

1.2.1 Revisão do projeto executivo recebido

Conferência das medidas do terreno e seus limites (na obra)
Evidentemente essa ação deve ser feita antes da elaboração do projeto, e sua importância é indiscutível. Caso você não tenha participado da elaboração do projeto, deverá fazer essa verificação. O ideal, levando-se em conta o tamanho da obra, é um levantamento planialtimétrico cadastral, executado por um topógrafo.

Conferência de medidas periféricas (na obra)
Vale a observação anterior.

Conferência de algumas medidas internas no projeto
Confira o projeto para ver se ele está consistente, ou seja, se as medidas dos vários ambientes somadas, mais as espessuras de paredes, totalizam exatamente as medidas de comprimento e largura da edificação.

Conferência de níveis
Verifique os níveis dos ambientes e compare-os com os níveis do terreno da obra. Essa é uma verificação grosseira apenas para conferir se não há nenhuma distorção ou a exigência de algum movimento de terra mais pesado. Se você dispõe do levantamento planialtimétrico, utilize-o. Confronte.

Verificação da consistência dos projetos (civil, elétrico, hidráulico etc.)

Essa atividade geralmente é executada bem depois, quando as falhas são muito mais difíceis de corrigir. No entanto, é melhor estudar esse assunto agora, quando as correções não implicam quebras e desmanches de serviços executados. A consistência é mais importante nos casos em que a construção tem mais de um andar: todos os dados terão que bater, como medidas e circulações verticais (por exemplo, caixas de escada, *shafts*, prumadas, eventualmente paredes etc.).

Verificação dos tipos de materiais a serem empregados

Esse ponto é muito importante para a elaboração do cronograma e a garantia de que ele terá consistência. Você deve atentar para materiais específicos, mais caros e mais raros, e se preparar para adquiri-los logo, pois alguns demandam um prazo de fornecimento bastante extenso. O mesmo pode ser dito com relação a serviços: observe a demanda de serviços muito especializados e já busque contato com fornecedores desse tipo de serviço e da mão de obra especializada neles.

Verificação da adequação dos materiais ao local da obra

É importante observar se os materiais e serviços requeridos pelo projeto estão de acordo e/ou são compatíveis com o local da obra, pois, se não o forem, podem causar problemas em seu andamento. Esse procedimento não é muito simples, e seus dados podem ser caracterizados mais tarde, porém vale a tentativa. Geralmente os projetistas já levaram isso em consideração, mas, no caso de obras mais afastadas, eles podem não estar a par desse tipo de problema – o que é fácil num grande centro pode ser muito difícil numa pequena cidade ou numa zona rural.

Outros

Numa análise cuidadosa, é possível constatar inúmeros pontos que eventualmente podem gerar problemas e conflitos ao longo da obra. Corrija os que puder e se previna com relação àqueles que não pode mudar, pelo menos naquele momento.

1.2.2 Conferência da documentação da obra (apoio)

Confira cuidadosamente a documentação que você tem em mãos na obra. Você precisará ir ou enviar alguém à Prefeitura, a secretarias e a departamentos municipais e estaduais, talvez até federais. Eventualmente é possível resolver tudo via internet, mas nem sempre se consegue isso, mesmo em cidades grandes. Essa documentação se divide em técnica, legal e geral.

- Documentação técnica
  - projetos executivos completos e detalhados;

1 | Procedimentos iniciais da obra

- memoriais descritivos detalhados;
- planilhas de quantitativos e custos;
- orçamento oficial;
- outros (verificar!).
- Documentação legal
  - plantas de Prefeitura aprovadas;
  - memorial descritivo no padrão da Prefeitura;
  - alvarás e documentação fornecida pela Prefeitura ou por órgãos específicos de fiscalização (sanitária, Bombeiros, do trabalho, de trânsito etc.);
  - recibos de EPI de todos os funcionários;
  - cópias dos registros e atestados dos funcionários;
  - cópias das notas fiscais dos equipamentos próprios da obra;
  - cópias dos documentos referentes a equipamentos alugados;
  - contratos de subempreiteiros e funcionários terceirizados;
  - apólices de seguro;
  - outros documentos específicos à localidade da obra.
- Documentação geral
  - todo documento não relacionado nas categorias anteriores e que se preste a esclarecer melhor detalhes específicos da obra, como horários de trabalho, questões de acesso, taxas de pedágio, pontos críticos no trajeto e até mesmo eventuais problemas circunstanciais que sejam "vislumbrados" antecipadamente.

As planilhas de quantitativos e custos serão discutidas mais adiante, mas, de cara, aqui vai uma recomendação importante: ao fazer o levantamento dos quantitativos da obra, use uma matriz de rascunho bem organizada, nomeando as peças com cuidado e indicando sua localização (eixos extremos), e adote sempre um padrão de unidade de medida, mantendo a mesma ordem em todas as anotações – por exemplo, $(C = 8,20 \times L = 4,50 \times E = 0,30)$ m. Leve uma cópia dessa matriz para a obra, pois ela o ajudará na hora de fornecimentos parciais de matéria ou mão de obra. Vai concretar uma laje? Você tem as medidas para pedir o concreto. Vai revestir um piso? *Idem*. E assim por diante. Ela também é utilíssima em revisões e/ou complementações de projeto.

1.2.3 Revisão e/ou complementação de projetos (apoio)

- Avaliação das faltas, deficiências ou inconsistências do projeto. O levantamento feito já indicou a existência de problemas, e agora você deve relacioná-los, estudar uma solução e sugeri-la ao projetista. Não vale só remeter o problema e ficar aguardando a solução; participe dela.

- Elaboração de relatório/memorial sobre o assunto.
- Reunião com projetistas para a entrega e a discussão do relatório.
- Elaboração de projetos complementares e detalhamentos.

(Para essas três últimas atividades, a recomendação é a mesma: participe da solução sempre que possível. Além de colaborar, você ficará muito mais inteirado do problema e de sua(s) solução(ões) final(is).)

- Planta de coordenação: eixos N e E ou X e Y – importantíssimo!
- Estabelecimento de coordenadas para o projeto. Esse passo é fundamental e facilita enormemente a execução da obra, independentemente de seu tamanho. Isso se deve a vários motivos, entre os quais:
  - locação da obra;
  - determinação de um ponto específico dentro da obra;
  - definição de esquadros;
  - localização de eventuais inconsistências do projeto;
  - quantificação e medição de serviços executados;
  - muitos outros motivos (você vai descobrir!).
- Conferência da consistência do projeto – fundamental!

Terminadas as correções e recebidos os projetos corrigidos ou acrescidos, faça uma reunião de conferência dos resultados obtidos. Chame sua equipe (engenheiros, mestre de obras e encarregados, até mesmo auxiliares) e discuta o assunto com eles, mostrando claramente as alterações executadas. Você ficará surpreso com o resultado: eles se sentirão valorizados e terão todo o interesse em colaborar com a implantação das alterações, além de não poderem mais alegar, ao longo da obra, desconhecimento do assunto. Caso isso não seja feito, você poderá escutar muitas vezes um "eu não sabia disso!". Mas aí "a vaca já foi para o brejo"!

Muito bem, a obra está começando, já temos um projeto executivo, detalhamentos, pessoal e materiais, além do projeto de um belo canteiro de obras.

Mas será que está tudo bem mesmo? Podemos de fato dar início aos trabalhos da obra? Na etapa 3, vamos verificar se realmente podemos começar as obras em ritmo de samba, ou seja, em ritmo mais acelerado!

1.3 Etapa 3 – Planejamento no local da obra

O primeiro passo para o início da obra deve ser o projeto e a execução do canteiro de obra. O ideal é que ele seja amplo, com edificações provisórias de boa qualidade, bem iluminadas e arejadas, energia elétrica em tensão adequada (preferencialmente 220 V), água com pressão boa e abundante, pátio espaçoso, boa pavimentação, local para depósito de granéis e almoxarifado de bom tamanho.

1 | Procedimentos iniciais da obra

Esse é o ideal, mas infelizmente nem sempre é possível, e, em geral, é preciso contentar-se com muito menos. Por essa razão, vamos voltar um pouco no tempo, para a fase de projetos. Existem casos em que a obra toma toda a área do terreno e não sobra espaço para o canteiro. Como resultado, ele fica espremido no meio da obra e vai mudando de lugar à medida que esta avança. Por fim, acaba dentro da obra mesmo. Em outros casos, o canteiro fica num terreno vizinho ou próximo e só chega de fato à obra depois de ser construída alguma edificação que possa alojá-lo provisoriamente.

Essas considerações são importantes porque influenciam, e muito, os custos da obra: a mudança de canteiro é uma atividade cara, pois toma tempo e ocupa mão de obra, além de levar à perda de materiais, motivo pelo qual deve ser levada em conta no planejamento e, consequentemente, no orçamento da obra. O custo é alto, pode estar certo disso.

De qualquer forma, se não há outra solução, o custo e o prazo têm que ser considerados. Além do canteiro, deve-se considerar também outros aspectos importantes que podem influenciar, independentemente da qualidade dos trabalhos, o custo e o prazo da obra. Daí a importância de o planejamento da obra ser feito *antes* do orçamento, podendo, assim, subsidiá-lo.

A seguir, serão analisados alguns desses aspectos.

1.3.1 Canteiro de obra

Projeto e tipo de material/equipamento a ser empregado

Esses elementos são importantes porque influenciam o conforto, a segurança e a eficiência do canteiro, entre outros aspectos. Os materiais para sua construção têm, hoje em dia, muita variedade e vão desde barracos de madeira com fechamento em compensados até contêineres totalmente equipados, passando por muitas outras opções. Não se deve esquecer que equipamentos grandes entram fácil na obra, mas, às vezes, são muito difíceis de sair. Já vi um caso em que um contêiner ficou trancado no fundo da obra e o único jeito de tirá-lo de lá foi com... um maçarico!

Tamanho (nem pequeno, nem grande) e interferência na obra

Trata-se da questão comentada anteriormente: o canteiro ocupando espaço dentro da obra. Isso inevitavelmente resulta num canteiro apertado e com inúmeros compartimentos espalhados dentro da obra. Dá muito trabalho e é muito sujeito a contratempos, principalmente em dias de chuva.

Necessidade de água, esgoto e eletricidade (potência necessária)

Esse é um ponto importante: caso necessite de equipamentos mais pesados, estude com cuidado a potência elétrica de que precisará. Pedir uma ligação elétrica provisória muito alta pode sair bastante caro, mas, se a ligação solicitada se tornar insuficiente no decorrer da obra, a situação pode ficar mais complicada ainda. Observe que a concessionária pode não dispor, no local, de uma rede com capacidade para fornecer a energia de que você precisa. Ela pode até fazer a ampliação, mas cobra pelo serviço. Já a questão da água é mais simples, sendo possível colocar caixas-d'água para armazená-la. Nesse caso, é uma questão de planejamento (e de espaço também).

O esgoto pode vir a ser um problema sério, com várias soluções, mas algumas delas com graves consequências. Estude esse assunto com cuidado, desde a(s) captação(ões) até o lançamento. Principalmente o lançamento, pois ele pode ser fonte de sérios problemas, no presente e no futuro. Se tiver dúvida, não vacile: contrate um especialista no assunto. Em tempo, evite fazer vários lançamentos, não multiplique seus problemas!

Outras eventuais necessidades

Caso precise de outros insumos, como gases, caldeira, cimento e argamassa a granel e *otras cositas más*, você deve planejar e considerar onde esses equipamentos ficarão, como eles entrarão na obra e... como sairão, independentemente do apoio do "Sr. Maçarico"!

1.3.2 Contratação de mão de obra direta (registros em carteira) e/ou terceirizada

Esse é um aspecto essencial, pois pode fazer a diferença entre o sucesso e o fracasso do empreendimento: você terá que estudar, considerando basicamente as condições locais e o tipo de obra, qual tipo de contratação é mais vantajosa e menos arriscada para dar tudo certo. A diferença pode ser sutil, mas pode ser "a escada para o sucesso" ou "o trampolim para o fracasso"! Observe que o trampolim é muito mais fácil e cômodo do que a escada, que, nesse caso, é sempre para subir.

1.3.3 Quantidade, qualificação e qualidade da mão de obra das imediações

Essa verificação é relativamente importante em cidades menores ou de tamanho médio. Isso porque, em cidades grandes, sempre se encontra mão de obra com alguma qualificação, ao passo que, em rincões e cidades pequenas, você não vai encontrar fácil essa mão de obra qualificada, salvo um ou outro gato-pingado. Então, o raciocínio é o seguinte: em cidades maiores, você encontra mão de obra qualificada; em cidades médias, você pode até encontrá-la, mas não é seguro, então previna-se;

1 | Procedimentos iniciais da obra

em cidades pequenas, você com certeza não vai encontrá-la, então contrate-a de fora e leve-a para lá! De qualquer forma, faça uma pesquisa antes.

1.3.4 Cadastro e qualificação de fornecedores em potencial nas imediações

Valem quase as mesmas considerações feitas para a mão de obra: material básico é fácil de encontrar, enquanto material mais sofisticado é bem difícil. Cadastre na região duas ou três lojas de materiais de construção, de elétrica e de hidráulica para fornecimentos emergenciais e monte um esquema com seus fornecedores habituais para as obras de contrato.

1.3.5 Registros fotográficos da região

Os registros fotográficos no entorno da obra, em um raio de 500 m, são importantes e podem ajudar inclusive comercialmente. Eles vão demonstrar que seu empreendimento foi significativo no desenvolvimento da região (a menos que você esteja construindo uma penitenciária ou um hospital psiquiátrico).

1.3.6 Avaliação da vizinhança e contato com vizinhos

Ter um bom relacionamento com os vizinhos é um ponto muito importante. Afinal, você há de convir, eles serão incomodados por um bom tempo com poeira, lama, barulho, trânsito de bastante gente para cima e para baixo, "peão" dormindo na calçada por volta do meio-dia e mexendo com as moçoilas do pedaço, e por aí afora! Mas há outro inconveniente que também pode afetá-los profundamente: danos a suas casas ou propriedades. Evidentemente, você deve fazer os reparos e ainda pedir desculpas. Isso costuma custar muito pouco e, às vezes, eles até agradecem e ficam mais amistosos, pois julgam que você foi honesto e decente, além de ter feito uma "reforminha" de graça na casa deles.

1.3.7 Memoriais descritivos detalhados e registros fotográficos das casas/edificações vizinhas (internos e externos), principalmente imóveis lindeiros

Mas há um problema: nem todos os vizinhos são sinceros e honestos; existem os golpistas que aproveitam para se dar bem, principalmente depois que um reparo qualquer foi feito numa casa vizinha. O espertalhão reclama de uma trinca que "surgiu" na casa dele depois que aquele caminhão pesado passou em frente, mas, ao chegar lá, você encontra uma trinca suja, cheia de poeira, debutando em seus 15 anos. É claro que você não concorda em indenizá-lo, pois ele não quer o reparo, ele quer dinheiro.

Assim, a briga está armada: ele vai "fazer sua caveira" por todo lado e envolvê-lo em inúmeras situações comprometedoras, aproveitando que é conhecido no bairro e toma cerveja e cachaça com os amigos no bar ao lado. Mesmo que todos saibam que ele é malandro, a tendência é ficarem do lado dele. O pior é que, se ele entrar na Justiça, tem boa chance de ganhar, afinal é um morador da comunidade, enquanto você representa um empreendimento. Por mais que você esperneie, ele leva vantagem, e não há como comprovar o golpe. E mais, ele pode procurar um engenheiro amigo na região, que faz um laudo sem ter ido ao local, e então mandá-lo para um juiz também amigo.

Sabe qual foi seu erro? Você não fez o registro fotográfico das casas do entorno da obra, até uma distância de pelo menos 20 m, no caso de obra pequena, ou 50 m, no caso de obra média. Você deve ir pessoalmente, *antes de começar a obra*, a cada casa dentro desse espaço e fotografá-la por inteiro, por dentro e por fora, registrando cada defeito que se apresentar. Em seguida, deve fazer um álbum para cada casa e coletar a assinatura do proprietário (ou morador), confirmando que aquelas imagens são verdadeiras. Isso tudo costuma ser mais fácil *antes* de a obra começar. Depois fica mais complicado, e os moradores podem não permitir mais sua entrada. Porém, com esses registros, você tem a chance de encarar o espertalhão, e ele não irá adiante em seus pleitos. Em todo caso, para acalmá-lo, peça a um funcionário para dar uma mão de tinta na trinca que ele "inventou".

Observação: existem empresas especializadas que fazem esse tipo de documentação e registro para construtoras e empreendedores (produção antecipada ou prévia de provas).

1.3.8 Outros

Inúmeras situações podem surgir, não há como prevê-las. Você terá que correr para enfrentar e superar cada uma delas. Aconselhar-se com amigos e colegas costuma ser muito bom e eficiente nesses casos; assim, mantenha uma vida socioprofissional ativa para tal fim.

2

Procedimentos administrativos

Muita coisa já foi feita, mas ainda há muito mais a fazer. Paralela e simultaneamente aos procedimentos do Cap. 1, os descritos neste capítulo já podem ser postos em andamento; ou seja, muitos dos processos que serão apresentados aqui podem ser realizados enquanto aqueles terminam. Vou lhe contar uma coisa, segredo mesmo: sabe quando realmente acabam os procedimentos dos Caps. 1 e 2? Quase no fim da obra (Cap. 3)! Isso ocorre porque providências de projeto e administração são concluídas apenas quando a obra acaba, só que boa parte dessas atividades passam a ser feitas na própria obra, enquanto outra boa parte continua no escritório. Quais seriam elas? Não sei, vai depender do tamanho da obra, de sua localização, da equipe que você alocou (ou vai alocar) na obra e no escritório, dos fornecedores e subempreiteiros e assim por diante. Essa, inclusive, é uma decisão empresarial e depende também do dono da construtora, que pode ser seu patrão ou você mesmo.

Muito bem, preparado? Então vamos lá!

2.1 Etapa 1 – Programação de aquisições de materiais e critérios para compras

2.1.1 Elaboração de levantamento quantitativo do projeto

O levantamento quantitativo do projeto é uma das partes mais instigantes do trabalho na construção civil. Embora seja considerado chato por um grande número de pessoas, é fundamental na formação de um bom engenheiro de obras, pois lhe dá uma visão abrangente da volumetria dos vários componentes da construção. Além disso, o profissional passa a ter a visão das escalas e da sistemática construtiva, ou seja, como aquela obra está sendo construída. Pode parecer óbvio que o estudo feito para extrair quantidades discriminadas do projeto dê ao profissional uma visão privilegiada da obra. É, em si, uma aula de como construir, incluindo os detalhes para os quais poucos atentam e que são importantes na hora de elaborar o planejamento e o orçamento.

Pela lógica, são feitos três levantamentos quantitativos: o primeiro, expedito, para instruir um planejamento preliminar, que, por sua vez, vai instruir a elaboração do orçamento da proposta; o segundo, mais detalhado, para instruir a elaboração do orçamento básico; e o terceiro, bem detalhado, para instruir o orçamento executivo. Esses três levantamentos possuem metas e objetivos diferentes, mas não devem ser muito discrepantes; caso contrário, será indicação de erros de avaliação em alguma etapa do processo. O primeiro levantamento deve ser realizado por um profissional com bastante experiência, uma vez que, por ser um trabalho mais rápido, exige muita avaliação e estimativa. O projeto pode não estar totalmente completo em termos de detalhes, porém, para o cliente prosseguir nas tratativas e dar continuidade a ele, precisa ter ideia de quanto terá que gastar. É arriscado, no entanto bons profissionais conseguem essa façanha e fazem um levantamento ligeiro, um planejamento estimativo e um orçamento qualificado.

O segundo e o terceiro levantamento, já com a obra ganha, são realizados por um engenheiro com alguma experiência ou mesmo um estagiário (é ótimo para ele), e podem ou não levar em conta aquele levantamento expedito, a depender da empresa. O importante é que as quantidades não sejam muito discrepantes, a menos que tenha ocorrido alteração no projeto. Contudo, aí também seria preciso alterar o primeiro levantamento, o que dificilmente ocorre, pois, com a obra ganha, a empresa já se dispõe a investir mais no negócio; assim, agora é partir para o planejamento e o orçamento executivo.

2.1.2 Classificação dos materiais empregados por tipo

Embora faça parte do levantamento quantitativo, é importante destacar essa classificação. Por vezes, parece que uma peça é parte integrante de outra, mas um olhar mais atento demonstra que são coisas diferentes, com finalidades e materiais distintos. Por essas e outras o levantamento quantitativo é tão importante e deve ser feito com a máxima atenção, principalmente em projetos mais complexos, pois a partir dele saberemos o real volume dos diferentes materiais que compõem a obra. A ideia inicial é destrinchar a obra em seus materiais básicos, ou seja, quanto de concreto, alvenaria, cimento, ferro, areia, brita, madeira etc. foi utilizado. Essa classificação é fundamental, no entanto tem que ser condicionada pelo mercado de materiais.

Por exemplo, se a obra vai produzir seu próprio concreto – o que geralmente é uma decisão empresarial –, tanto a resistência (fck) quanto o traço deverão ser informados pelo projetista, e esse concreto será destrinchado em volumes de cimento,

2 | Procedimentos administrativos

areia e brita. Por outro lado, se o concreto for fornecido pronto, será quantificado em volume, como um item único. O mesmo vale para a argamassa de revestimento e outros itens que podem ser fornecidos prontos.

No caso da ferragem, comprá-la dobrada ou em barras praticamente não altera seu quantitativo (o custo da dobragem dos ferros pelo fornecedor é maior, porém alivia o custo da dobragem na obra). A situação muda de figura ao comprá-la dobrada e montada, pois, além de alterar bastante o preço, visto que incorpora mais mão de obra, também diminui (sem eliminar) a necessidade de arames para fixação e amarração na obra (já estão incorporados no preço do ferro dobrado e montado). O mesmo pode ocorrer com as formas, que podem ser formas de madeira fabricadas na obra ou formas alugadas – metálicas (de ferro ou alumínio), plásticas, de fibra de vidro, de polipropileno etc., e até mesmo de madeira com reforço –, mas essa geralmente já é uma decisão da obra. Nesse caso em particular, o mais comum é ser considerada a forma de madeira no levantamento quantitativo e depois, na obra, ser feita a comparação (de custos, prazos, qualidade etc.) com as formas alugadas, tudo em função das possibilidades desse fornecimento, para a escolha definitiva.

2.1.3 Elaboração de cronograma básico preliminar

Estamos nos aproximando da hora de trabalhar com valores e chegar ao custo da obra, só que ainda não sabemos como calculá-lo. Claro que já temos uma ideia, contudo não chegamos efetivamente lá. Então, que tal elaborarmos um cronograma, mesmo que preliminar, para aclarar as ideias? Não deve ser algo muito elaborado, e sua itemização deve ser similar à do orçamento, porém não muito, uma vez que orçamento tem *itens* e cronograma tem *atividades*, coisas bem diferentes. Isso será visto em detalhes mais adiante.

A essa altura, já é possível avaliar melhor as etapas construtivas e estabelecer um *modus operandi* satisfatório em nível de interação orçamento × cronograma, pois, a menos que no cronograma sejam previstas atividades muito complexas, ele não deverá ter muita influência na itemização do orçamento básico preliminar. Esse cronograma visa estabelecer as precedências e as durações das atividades e orientar a elaboração do orçamento, inclusive em sua itemização.

2.1.4 Orçamentos básico e executivo da obra (referências)

Todo orçamento, seja qual for seu adjetivo, deve ser precedido de um planejamento; caso contrário, estaremos dando preço a um produto que não sabemos como fazer, ou de que apenas fazemos uma ideia! É claro que esse planejamento tem sua graduação: expedito para o orçamento da proposta, mais detalhado para o orçamento básico e bem definido para o orçamento executivo. No item anterior, já elaboramos o referido cronograma preliminar, primeiro passo para o planejamento da obra. Na verdade, a relação entre levantamento quantitativo, planejamento e orçamento é uma via de mão dupla: vai e volta até que se chegue a um resultado final adequado aos objetivos da empresa ou do profissional. Os cronogramas resultantes também vão sendo mais pormenorizados a cada etapa, assim como os próprios orçamentos.

O objetivo do orçamento básico é ter uma visão mais abrangente da obra e de seus detalhes e preparar a equipe que tocará a obra, e a partir daí serão preparados o planejamento executivo e o orçamento executivo. Também serve para iniciar a programação de fornecimentos (compras e contratações) da obra.

Esse processo será explicado e totalmente detalhado no Cap. 4.

2.1.5 Elaboração de cronograma físico-financeiro

Esse cronograma é seguramente uma das peças mais importantes em termos de controle financeiro da obra. Ele é muito simples, mas dá grande visibilidade às previsões de gastos e ao andamento das despesas, embora dependa basicamente de dados corretos, às vezes em falta no mercado. Depende também de que todas, absolutamente todas as despesas sejam lançadas e computadas no caixa da obra, o que é uma dificuldade em certos casos: muitas compras e despesas vinculadas à obra não lhe são informadas! É o caso, por exemplo, de projetos complementares contratados pelo escritório que, embora previstos no cronograma, chegam à obra sem valor declarado, apesar de lançados no caixa da obra no escritório. Assim, pensa-se que há folga para despesas, mas, na verdade, a obra está negativa.

Despesas mais pesadas podem também chegar dessa maneira. É o que ocorreu, por exemplo, com um equipamento comprado sem a bomba hidráulica. Como a bomba era necessária, foi adquirida à parte, entregue e instalada na fábrica do equipamento e em seguida despachada para a obra. Na nota fiscal, a fábrica não incluiu a bomba, que não era de sua atribuição. A nota fiscal da fornecedora da bomba foi entregue no escritório da construtora, mas ninguém se preocupou em enviar ao menos uma cópia para a obra. No fim do período, alguém achou que a folga do caixa estava muito grande e investigou "um pouco" (falta de tempo!), não encontrou nada e depois se esqueceu do assunto. Só três meses depois, quando a bomba deu problema e a fabricante foi acionada, é que se deram conta de que não havia na obra nenhuma nota fiscal dela! Só então foi feito o ajuste.

Outro problema a que poucos dão importância são as pequenas despesas, que, somadas – são várias, muitas sem nota fiscal –, tornam-se no mínimo uma média despesa (refeições, transportes, miudezas de ferragem, hidráulica, elétrica etc. são as mais comuns).

2 | Procedimentos administrativos

Há outro item que costuma gerar um grande "buraco" nas contas da obra, caso não se tenha cuidado adequado: o concreto pronto. Pode parecer incrível, mas as notas fiscais entregues na obra pelas concreteiras são notas de "simples remessa", e o valor que ali consta não tem nenhuma relação com o custo do concreto fornecido. Esse custo aparecerá na fatura enviada pela concreteira para o escritório da construtora, que geralmente se esquece de informá-lo à obra.

Mas, afinal, o que é um cronograma físico-financeiro (CFF)?

Trata-se de uma planilha que simula um cronograma de barras (Gantt), só que, em vez das barras, são colocados os valores correspondentes às despesas de cada período. Assim, por exemplo, uma atividade que, no cronograma físico, dura de 15 de março a 15 de julho (quatro meses) e tem custo de R\$ 160.000,00 (linear) é lançada da seguinte forma:

15/3 a 31/3	R\$ 20.000,00
1°/4 a 30/4	R\$ 40.000,00
1°/5 a 31/5	R\$ 40.000,00 Total R\$ 160.000,00
1°/6 a 30/6	R\$ 40.000,00
1°/7 a 15/7	R\$ 20.000,00

No CFF, esses valores serão lançados na horizontal, em meio a despesas de outras atividades da obra. Teremos, então, que a soma horizontal deverá ser a do total da atividade, pois só ela ocupa essa linha. Já na vertical, será feita a soma de todos os custos das atividades daquele período, nesse caso o mês. Aí, é evidente, o total será outro, pois acumula todas as despesas de atividades referentes àquele mês. No final do gráfico (e da obra), a somatória da coluna total horizontal deverá ser igual à somatória da linha total vertical. Esse gráfico será apresentado no Cap. 4.

2.1.6 Distribuição dos materiais a serem empregados num cronograma de compras

Essa é uma peça que pode ajudar muito a manter a obra dentro do cronograma original como um todo. Para tanto, será necessário um detalhado levantamento quantitativo da obra ou da parte em que você estará trabalhando. É evidente que, como a obra já foi orçada, esse levantamento já deve existir. No entanto, agora será preciso retalhar os quantitativos de forma a seguir o cronograma da obra. Isso porque, mesmo que você tenha colocado num mesmo item e subitens do orçamento, por exemplo, 1.000 m³ de concreto, 2.500 m² de forma e 100.000 kg de aço, não será possível comprar tudo isso de uma vez! Não há lógica nem espaço na obra para comprar tudo de uma vez, ou receber parte disso. A compra até pode ser acertada, mas a entrega deve obedecer ao cronograma da obra.

Chegamos então ao seguinte ponto: o cronograma deve ser desdobrado para estabelecer a data em que os materiais devem chegar à obra, inclusive os de consumo imediato, como o concreto – trata-se de um tipo de CFF dirigido a materiais. Esse procedimento evita muitos problemas na obra, pois o normal é calcular o volume de concreto a ser pedido na véspera da concretagem, e isso muitas vezes é motivo de muitos erros, para mais ou para menos, resultando sempre em custos maiores e problemas. Se os erros forem para mais – por exemplo, era necessário um volume de 25 m³, mas, por engano, o pedido foi de 35 m³ –, esse excedente terá que ser pago e jogado fora (problema: onde?). O contrário – o pedido foi de 25 m³, mas eram necessários 35 m³ – também é ruim, pois cria, nesse caso, juntas de concretagem e custo adicional de mão de obra para executar o restante após o horário (hora extra) ou no dia seguinte.

Com um planejamento bem-feito, com calma e técnica, isso pode ser evitado, porém com uma condição: tudo tem que ser conferido na hora do pedido. Muita coisa muda no decorrer da obra – às vezes, um pequeno detalhe –, o que pode alterar os quantitativos ou mesmo modificar o cronograma num ponto específico. Assim, considere-se um caso em que estavam planejados 35 m³ de concreto, mas, por um bom motivo, foi decidida uma alteração que determinou um volume de 25 m³ numa primeira etapa, com os 10 m³ restantes numa segunda etapa. Nesse exemplo, não houve necessariamente uma mudança de projeto, apenas uma mudança na maneira de executá-lo. Outro fato que pode determinar uma alteração de fornecimento é um atraso na execução da forma e da armação de uma laje, o que faz com que, quando ela esteja em condições de ser concretada, já exista outra laje também em condições. Resultado: juntam-se as duas, e elas são concretadas no mesmo dia. Esse tipo de acontecimento é muito comum e tem que ser levado em conta para resolver alguns problemas e evitar outros.

2.1.7 Elaborar normas de procedimentos para compras, estabelecendo padrões

Às vezes pode parecer uma bobagem, mas esses procedimentos podem evitar muitos contratempos e aborrecimentos na obra. Se, desde o começo da obra, for estabelecido um padrão de procedimentos para as compras, seus fornecedores saberão como proceder quando receberem um pedido, e seus problemas de recepção e conferência de materiais diminuirão sensivelmente. Porém, o que são esses padrões e como estabelecê-los?

A pergunta é simples e lógica, no entanto a resposta é mais complicada, porque está sujeita a alguns fatores que só dependem de você, de sua construtora e também do proprietário da obra. E quais seriam esses fatores?

2 | Procedimentos administrativos

Vamos começar pelo chefe da obra (você). Esses padrões só funcionarão se você for:

- disciplinado, mantendo-os sempre em operação;
- organizado, mantendo controle sobre a atuação dos funcionários e fornecedores;
- atento à atuação dos encarregados de conferir e receber materiais;
- criterioso para discriminar os materiais, reconhecendo as diferenças entre eles (cada material tem suas características e peculiaridades);
- cuidadoso na escolha dos fornecedores, estabelecendo regras claras e justas e não conferindo privilégios a alguns "escolhidos";
- estritamente técnico nas avaliações dos materiais e serviços necessários.

A empresa construtora deve ser:

- pontual no cumprimento de suas obrigações (pagamentos e prazos);
- leal no estabelecimento de condições para os fornecedores;
- justa no estabelecimento de contrapartidas para os fornecedores;
- correta na resolução de divergências e/ou conflitos internos entre as partes (você e o fornecedor);
- criteriosa ao estabelecer parâmetros e qualificações dos fornecedores;
- séria em suas avaliações técnicas e financeiras.

E agora o mais difícil, o proprietário da obra deve ser:

- pontual no cumprimento de suas obrigações (pagamentos e prazos);
- rápido nas tomadas de decisão que lhe competem;
- criterioso no estabelecimento das especificações de materiais de sua competência;
- justo na indicação de fornecedores de sua preferência ou confiança;
- leal para com a obra e seus prepostos;
- assessorado por pessoas que realmente entendam do assunto – da obra e dos materiais que a compõem.

Temos, então, seis condições mínimas, para cada parte envolvida, para a formação de um bom padrão para a obra, que vai propiciar um ambiente de trabalho melhor a todas as partes, fornecedor e fornecidos. Infelizmente, essas 18 precondições têm pouquíssimas chances de ocorrer juntas, pois a natureza humana comporta princípios estranhos e alternativos que se afastam daqueles ideais. Mas, como não estamos aqui para filosofar, o que nos resta é tentar fazer nossa parte (que já não é tão fácil!) e torcer para que os outros também façam o mesmo, pelo menos parcialmente. Como exercício, tente avaliar com quantas das seis condições cada parte comparece. E não se esqueça de você! Considere ainda seus fornecedores, que devem ser o mais confiáveis possível, verdadeiramente parceiros.

Agora vamos a alguns padrões de procedimento:

- *Pedido de orçamento (carta-convite, tomada de preços etc.)*: esse documento é extremamente importante e deve inclusive ser padronizado para ser utilizado em todas as compras, se possível, mesmo as emergenciais e as pequenas. Deve ser do tipo planilha, com opções para serem ticadas, além de possuir espaço para explicações detalhadas e também permitir anexos, como desenhos, croquis, memoriais e o que mais venha a ser eventualmente necessário para deixar o pedido perfeitamente claro em todos os seus detalhes. Uma falha ou omissão nessa hora pode comprometer o orçamento todo, portanto elas não devem existir. Não introduza "pegadinhas" para testar o fornecedor ou induzi-lo a erro para conseguir um preço bom. Isso é má-fé e pode ter efeito contrário! Sugestão: na página principal do pedido de orçamento, faça uma relação dos anexos, desenhos, complementos e o que mais constar como esclarecimentos sobre o material ou a mão de obra a serem fornecidos.

- *Condições de fornecimento*: nem sempre o preço é o mais importante num fornecimento. Às vezes, o prazo, a qualidade, o modelo, as condições de pagamento ou o frete, entre outros fatores, podem pesar tanto quanto ou ainda mais. Esses itens complementares devem constar do pedido de orçamento em qualquer condição, mas, se forem muito importantes, isso precisa ficar bem claro no documento. Sempre que possível, faça consultas abertas, ou seja, através de correspondências circulares, endereçadas a todos os potenciais fornecedores e com o conhecimento de todos eles.

- *Cadastramento de fornecedores confiáveis de materiais e de mão de obra*: é fundamental ter uma lista de fornecedores confiáveis, tanto de materiais como de mão de obra, conforme será abordado de modo detalhado mais adiante. Só que você não deve ficar satisfeito somente com essa lista: seus fornecedores confiáveis servirão sempre como referência, mas novos parceiros devem ser agregados ao time de forma a manter a concorrência e a competitividade entre eles. Parceiros muito estáveis se acomodam e tendem a se organizar e a acertar procedimentos, o que não é bom para você. Assim, sempre que possível insira em suas consultas abertas pelo menos um ou dois parceiros novos, que podem não ser confiáveis ainda, mas que eventualmente poderão vir a ser. Esse procedimento não deve ser segredo e você não deve se preocupar em magoar algum parceiro antigo. Lembre-se sempre: "amigos, amigos, negócios à parte". Não misture as coisas!

2 | Procedimentos administrativos

- *Favorecimentos a fornecedores especiais e troca de favores*: como se costuma dizer, "aí mora o perigo". Em sociedade, tudo se sabe, e, se você favorecer um fornecedor em especial, em pouco tempo – muito menos do que pode imaginar – todos estarão a par desse fato, o que poderá lhe ser prejudicial. Desse modo, pense muito bem antes de embarcar nisso. Outra situação que pode ocorrer é receber do fornecedor uma oferta clara de um adicional não previsto no pedido de orçamento, como algum serviço complementar, assistência técnica, garantia etc. Não se trata de propina ou algo semelhante, mas sim de uma proposta adicional de negócio, o que é perfeitamente lícito. Nesse caso, o certo seria notificar todos os concorrentes sobre a oferta e aguardar as reações, mas isso é um problema que deve ser resolvido por sua própria conta e ética. Há todo um mundo de situações e você terá que lidar com elas.

- *Quadro comparativo*: esse quadro é importante para o julgamento das propostas de cada fornecedor, pois vai detalhá-las e destrinchá-las, tornando mais claras suas vantagens e desvantagens. Nele, devem constar todas as solicitações e precondições estabelecidas em seu pedido de orçamento. Tudo que constava lá, inclusive nos anexos, deve estar espelhado aqui. Também devem estar presentes as proposições de cada participante. Eventualmente esse quadro pode alcançar grandes proporções, e por essa razão, bem como pela facilidade de cálculo das operações matemáticas, deve ser executado numa planilha eletrônica do tipo Excel.

- *Pedido de fornecimento de material ou mão de obra*: esse é outro documento extremamente importante, e nele deve constar tudo o que foi solicitado e discutido ao longo desse processo. Esse pedido deve ser detalhado ao máximo, mesmo que se torne repetitivo, e é preciso ter cuidado para que seja coerente. Às vezes, querendo detalhá-lo demais, pode-se gerar uma inconsistência que leva a uma contradição, o que prejudica todo o processo e pode comprometer o resultado final. É muito comum a inconsistência entre desenhos e memoriais com o palavreado do pedido. Por isso, peça sempre o auxílio de outra pessoa para revisar o documento e verificar se ele está correto e isento de contradições e inconsistências.

Alguns modelos desses documentos são apresentados no Anexo 1, mas eles devem ser usados apenas como base para você elaborar seu próprio padrão, por vários motivos: trata-se de documento de uso pessoal ou institucional e deve ter a "cara" da pessoa ou da instituição; cada obra possui uma característica própria e eventualmente seria necessário adaptar o modelo a essa condição; um tipo de fornecimento especializado pode exigir um tratamento diferenciado, que deve ser contemplado com documentações específicas, como no caso de produtos importados; além de outras condições peculiares. Por outro lado, na internet são disponibilizados vários modelos desses documentos que podem ser mais adequados e/ou adaptados a suas condições particulares.

2.1.8 Considerações sobre a importância dos fretes na obra (custo e prazo)

O frete costuma ser o grande vilão em certas obras, pois é o aspecto mais esquecido em um grande número de orçamentos e até pedidos: alguns orçamentistas mais afobados se esquecem de que todos os materiais empregados numa obra têm que ser transportados para lá, o que gera custos e leva tempo. O tempo costuma ser até pior do que o custo, uma vez que, para vender e agradar, o fornecedor pode incluir em sua proposta duas palavrinhas mágicas: "frete incluso"! Santas palavras, que têm o dom de amolecer corações empedernidos e fazer o pedido rolar rapidamente. O problema é que, em um grande número de fornecimentos, o prazo costuma vir com três letrinhas após sua indicação: FOB, sigla em inglês para *free on board*, ou seja, *livre a bordo*. Essa expressão pode ser interpretada também como "na porta da fábrica", ou seja, pagando ou não o frete, você não pode adotar a data indicada como aquela em que o material estará disponível na obra, pois ele ainda terá que ser transportado da fábrica para a obra. Mesmo que a fábrica esteja do outro lado da rua (coisa muito rara, né?), leva algum tempo até que o material chegue à obra, e isso deve ser considerado no orçamento e no cronograma. Aliás, o mesmo pode valer quando a sigla for CIF (*cost, insurance and freight*), que indica que custo, seguro e frete estão inclusos.

2.2 Etapa 2 – Contratação de fornecedores e subempreiteiros

São dois tipos de contratação diferentes e envolvem algumas especificidades que devem ser consideradas com muita atenção, sob pena de serem criadas situações bastante complicadas que podem terminar até na polícia e nos tribunais. Mais adiante esse assunto será discutido de forma mais detalhada, porém, desde já, vamos fazer algumas considerações importantes. Antes de tudo, é preciso classificar os fornecedores, que são de vários tipos (vários mesmo). Aqui vamos especificar alguns, mas esteja certo de que essa lista não está e certamente nunca estará completa, pois a cada momento se alteram tipos de materiais, condições de trabalho, profissões e funções (umas somem, outras aparecem), leis, sindicatos, especificações técnicas e ambientais etc.

O Quadro 2.1 apresenta fornecedores de que você pode precisar, agrupados por especialidades.

2 | Procedimentos administrativos

Quadro 2.1 FORNECEDORES AGRUPADOS POR ESPECIALIDADES

Materiais básicos	– Cimento, cal, pedra (agregado), areia, aditivos – Madeira, aço, arame – Tijolos, blocos, telhas
Materiais semiprontos	– Concreto, argamassas, pinturas especiais
Materiais de instalação	– Hidráulicos, elétricos, sinais e segurança
Materiais de acabamento	– Caixilhos, esquadrias, ferragens e metais – Azulejos, cerâmicas, pedras (decoração), tintas
Ferramentas e equipamentos	– Ferramental de obra, compra de equipamentos
Aluguel de equipamentos	– Bombas, máquinas e motores, compactadores – Escavadeiras, compressores etc. – Equipamentos pesados (tratores, guindastes etc.)
Mão de obra especializada	– Eletricista, encanador, marceneiro, gesseiro – Telhadista, azulejista, pintor
Firmas especializadas	– Divisórias, forros, antenas, cabeamentos – Instalações especializadas (redes de informática) – Tubulações (gases, prevenção contra incêndio, segurança) – Tubulações com alta pressão ou temperatura

Essa é uma pequena amostra, pois na prática serão necessários muitos outros fornecedores não incluídos na lista. Algumas empresas fornecem materiais e/ou equipamentos e os colocam ou montam na obra, enquanto outras só os fornecem. Há ainda as empresas de mão de obra temporária que eventualmente serão requeridas, principalmente em períodos de pico, em razão do acúmulo de atividades ou para alguns trabalhos específicos.

E é aí que mora o perigo! Se você não tiver cuidado, pode contratar o fornecimento de mão de obra de uma empresa que não atende às especificações das leis, sobretudo as trabalhistas, o que pode acarretar problemas. Estou supondo que você esteja cumprindo essas leis, e não seria justo você ser autuado e se envolver numa pendenga que não era sua, mas que, por falta de cuidado, passou a ser: como contratante, você tem responsabilidade solidária com o contratado na observação das leis. Em resumo, se o contratado errou, foi condenado e não tem condições de pagar os custos legais, o contratante tem que comparecer, ou seja, vai sobrar para você! Daí a necessidade de ter um cadastro de fornecedores confiáveis e de controlar e fiscalizar todas as pessoas que entram na obra, inclusive colocadores e/ou montadores de empresas fornecedoras, que costumam usar empresas terceiras para esse serviço ou mesmo mão de obra avulsa.

Não pense que é possível montar um cadastro de fornecedores confiáveis de um dia para o outro. Essa tarefa demora muitos anos e demanda muito cuidado, mesmo porque um fornecedor confiável hoje pode deixar de sê-lo amanhã e vice-versa – esse tipo de cadastro é vivo, e, assim como os fornecedores "nascem" (são incluídos) e "vivem" (são usados), eles "morrem" (são excluídos ou fecham). No entanto, apesar da dificuldade em montar essa lista, existe uma vantagem: ela é sua, pessoal, e você poderá levá-la consigo pelo resto de sua vida profissional. Se sair de um emprego, você levará essa lista sem roubá-la da empresa, que, se quiser, continuará a usá-la também.

Durante minha vida de obra, acumulei cerca de 250 empresas confiáveis num cadastro, cuja cópia doei a um colega mais novo. Isso também é válido: receber uma lista dessa como doação ou presente. Nesse caso, quando for utilizá-la, seja indiscreto e não se esqueça de citar seu doador. O fornecedor poderá lhe transferir, nessa hora, pelo menos uma parte dos créditos que ele propiciava a seu benfeitor! E todos ficam satisfeitos, todos ganham.

Quando há um grande número de empresas cadastradas em sua lista, pode ocorrer de você esquecer-se de algumas que eram, e continuam a ser, importantes para seu trabalho. Para evitar isso, crie um código classificatório para cada empresa, de modo que, para cada especialidade, ela se apresente em seu cadastro. No Anexo 1 é apresentada uma sugestão de código classificatório e um modelo de cadastro para fornecedores. Se for de seu agrado, use e abuse deles e me peça a complementação do código de atividade dos fornecedores confiáveis. Ou, melhor ainda, crie seu próprio código.

2.2.1 Contratos padrões para fornecedores contínuos de materiais

Um dos problemas que podem ocorrer numa obra é a necessidade de ter um fornecedor contínuo de algum material, como concreto ou argamassa, e esse tipo de relação envolve alguns aspectos que merecem atenção especial. No caso do concreto, normalmente você procurará a concreteira mais próxima da obra por vários motivos, como menor tempo de trajeto, que significa maior tempo disponível para lançar o concreto, e eventual disponibilidade para atendimento mais rápido. Entretanto, se você elegeu uma concreteira específica como confiável, talvez prefira que ela o atenda, mesmo estando a uma distância maior. Tudo bem, mas tenha cuidado! Se a distância for muito grande, essa fidelidade pode prejudicá-lo pelos argumentos opostos aos apresentados para a concreteira mais próxima. Nesses casos, o tempo é importante, e um atraso na concretagem pode custar muito caro, sobretudo em horas extras para os funcionários e por perdas de concreto em razão de o tempo de validade para o lançamento ter estourado, o que normalmente ocorre quatro horas após sua saída da usina.

2 | Procedimentos administrativos

Quanto à argamassa, se foi instalado um silo na obra, é preciso ter atenção com detalhes do contrato, pois ele pode ser "leonino" em certos casos, e, no fim, esse procedimento torna-se mais caro do que trazer a argamassa de caminhão ou mesmo produzi-la na obra. Esse tipo de contrato já vem pronto e é elaborado pelas fornecedoras de argamassa; a você cabe aceitar ou não as cláusulas que lhe são impostas, e é muito difícil negociar alteração nelas.

2.2.2 Contratos padrões para fornecedores de mão de obra e subempreiteiros

Esses contratos são os mais perigosos, já que, como dito anteriormente, podem se tornar uma arapuca. São inúmeras as empresas que prestam esse tipo de serviço, umas mais sérias, outras menos, então é fundamental ter referências delas antes de contatá-las, pois depois não o largam mais. De qualquer maneira, feito o contato, peça todas as referências possíveis e a minuta do contrato para análise. Geralmente essas empresas, mesmo as maiores, são bastante flexíveis para negociar, desde que não se peçam absurdos. Lembre-se de que todas as leis devem ser rigorosamente observadas e a questão dos seguros não deve ser esquecida. Caso haja uma nova lei trabalhista em vigor, podem ocorrer alterações significativas, portanto *sempre* recorra a um advogado especializado para auxiliá-lo nessa tarefa e dar-lhe segurança jurídica. Há uma frase de botequim muito própria para esses casos: "bobeou, pagou!" E, às vezes, custa muito caro, principalmente se, por azar, acontecer algum acidente, mesmo sem feridos. Se houver feridos e/ou óbito e o contrato não foi bem-feito, aí sim o estrago está feito.

2.2.3 Prazos de entrega de materiais e serviços

Os prazos de entrega de materiais, equipamentos e demais mercadorias devem ser cuidadosamente calculados para evitar desgastes desnecessários entre você e o fornecedor. Assim, programe seus pedidos, evite postergá-los, seja por que motivo for, e seja razoável no acerto dos prazos. Não adianta forçar uma situação que, no fim das contas, não vai trazer vantagens, e sim problemas. Forçar um prazo curto não lhe trará tranquilidade, pois você nunca terá certeza de que o fornecedor conseguirá atendê-lo. A imposição de multas por atraso é um bom argumento, mas é uma faca de dois gumes: pode lhe trazer problemas também, pois geralmente vem acompanhada de uma contrapartida – maior preço, menor prazo para pagamento ou compromisso de novos fornecimentos, entre outras. Além disso, como é difícil cobrar as multas! Por isso, o fundamental é a programação e o compromisso de ambas as partes.

2.2.4 Recepção e estocagem de materiais: critérios e considerações

Esse é um ponto crítico na questão dos suprimentos: como receber os materiais comprados na obra. Normalmente existe um almoxarifado nela, com um almoxarife, que é quem se encarrega de receber esses materiais. Ocorre que, mesmo em obras de certo porte, na melhor das hipóteses esse almoxarife é apenas um funcionário que sabe ler e escrever razoavelmente, tem algum treinamento elementar, pois já atuou como auxiliar de almoxarife antes, conhece os nomes das principais ferramentas e materiais e... fim! Ele também possui um bom relacionamento com as pessoas e é assíduo, mas o problema é que conhece muito pouco os materiais que recebe. Como, na maioria das vezes, a entrega e a recepção se processam muito rapidamente, enganá-lo é fácil. Isso acontece porque, como raramente possui um auxiliar, ele não pode "perder" muito tempo, uma vez que precisa atender à obra.

Esse processo é um grande passo para ter problemas nessa área. Mais adiante vão descobrir, por exemplo, que a madeira entregue não foi a pedida – sua resistência é menor e ela está cheia de nós –, que o modelo das louças que vieram não se encaixa corretamente nos vasados, que os cabos elétricos são de marca diferente da especificada, que os metais e as esquadrias têm peças empenadas, e por aí vai. De quem é a culpa? Da obra, que não deu suporte adequado ao funcionário nem o instruiu ou treinou. Certo, os fornecedores não eram confiáveis, mas essa é uma contingência que diz respeito a você ou a seus compradores, que negociaram com eles. No entanto, mesmo quando eles são confiáveis, podem ocorrer erros (ou enganos!), e uma adequada recepção dos materiais pode evitar que tenham repercussão maior no cronograma ou nos custos.

Em obras de porte médio, é fundamental que os encarregados de receber materiais e equipamentos tenham um mínimo de capacitação para isso. Não é fácil nem muito barato encontrar essas pessoas, e, pelo menos durante um tempo, o almoxarife ou quem for fazer esse trabalho devem ser treinados e supervisionados pelo mestre de obra ou por algum encarregado com certa experiência, para evitar esses inconvenientes.

Última recomendação, essa mais para você: materiais inflamáveis devem ser estocados em locais apropriados, longe de edificações, mesmo que sejam de alvenaria. O ideal é haver um local com cobertura de telhas de fibrocimento, leves (tipo econômicas), sem forro e com meias-paredes, completadas com telas metálicas não plastificadas (telas de galinheiro) na parte superior.

2.3 Etapa 3 – Segurança do trabalho e cuidados com o meio ambiente

A preocupação com o meio ambiente está, mais do que nunca, na ordem do dia em nossa sociedade. Não se trata mais de modismo ou gosto pessoal, é uma questão de

2 | Procedimentos administrativos

sobrevivência física de nossa civilização. Pode parecer até uma afirmação trágica demais, mas não é: se não cuidarmos do planeta agora, pode ser tarde demais mais adiante. De nossa parte, temos que tomar atitudes a fim de colaborar com essa ideia. É o que veremos nesta etapa.

2.3.1 Conferência da legislação, inclusive específica, para o local da obra (se houver)

É importante tomar essa providência, pois, conforme a obra, o local e até a época do ano, pode haver algum impedimento ou restrição legal para executar algum procedimento referente à obra. Pontos que merecem atenção especial são a água e os efluentes (esgoto sanitário e despejos da obra, inclusive água de lavagem de betoneira e quetais).

2.3.2 Fornecimento de EPIs para todos os funcionários, inclusive subempreiteiros

Nesse caso, a lei é bastante objetiva: é de responsabilidade da obra o fornecimento de equipamento de proteção individual (EPI) a todas as pessoas que estejam ou circulem no interior da obra e a fiscalização de seu uso. Ou seja, se houver um acidente e a pessoa não estiver usando o EPI, a obra será responsabilizada por isso, mesmo que o acidente tenha ocorrido por outras causas e esse equipamento não resolvesse o problema. Posso citar um fato do qual fui testemunha: um funcionário foi atropelado por um caminhão ao atravessar uma faixa de tráfego dentro da obra, e a obra foi multada pois ele não estava usando capacete! É claro que o capacete não evitaria o acidente nem minimizaria os danos, mas ficou comprovado que ele não usava o EPI especificado em lei.

2.3.3 Entrega de EPIs mediante assinatura de recibo e de termo de responsabilidade

Após a entrega dos EPIs aos funcionários e prestadores de serviço (empreiteiros e subempreiteiros) da obra, cada um deles deve assinar um recibo/termo de compromisso afirmando que usará o equipamento, conforme determinado em lei e nas regras da obra. Atenção: prestadores de serviço em trânsito também devem atender a essa regra, mas a obra não é obrigada a fornecer todos os EPIs, a menos que haja participação efetiva deles durante pelo menos um dia inteiro. Como o uso desse equipamento é obrigatório e a obra não tem a exigência de fornecê-lo, esse prestador de serviço deve ter o próprio EPI, tal como ocorre com os calçados (deve ser de segurança com CA = número = Certificado de Aprovação do Ministério do Trabalho). É o caso dos motoristas de entregadoras de materiais e equipamentos, que costumam ser "useiros e vezeiros" em aparecer de chinelos ou sandálias de dedo, o que é inclusive proibido pela legislação de trânsito. Eles não poderão entrar na obra dessa maneira, mesmo que permaneçam o tempo todo dentro do veículo. Sua entrada só será autorizada se estiverem usando calçados de segurança.

Eventualmente, por conveniência da obra, alguns EPIs obrigatórios poderão ser fornecidos por empréstimo a visitantes para que entrem e circulem na obra, porém eles deverão obedecer às especificações da obra conforme os locais por onde circularem. Se em uma determinada área for exigido o uso de óculos de segurança, por exemplo, o visitante deverá utilizá-lo, mesmo que por empréstimo da obra. O mesmo vale para protetor auditivo ou auricular, luvas, aventais, botas de borracha etc.

2.3.4 Conferência de todos os materiais fornecidos à obra, particularmente embalagens que devam ser descartadas

Um dos grandes problemas da obra é o descarte de materiais, desde os inserviveis (entulhos, materiais vencidos, sucatas etc.) até os contaminantes (aditivos químicos, produtos contaminantes, embalagens não recicláveis etc.), passando por materiais recicláveis e de fácil reaproveitamento (papelões, madeiras, alguns tipos de metais e plásticos etc.). Um dos maiores contratempos se encontra nos materiais não recicláveis, que, numa obra, se concentram mais em embalagens de produtos químicos especiais. Os materiais contaminantes não podem ser lançados no lixo comum; devem ser encaminhados para locais especiais, seguindo um planejamento técnico-legal. Normalmente isso vem escrito na própria embalagem, e, nesse caso, deve haver um acordo para que a obra devolva as embalagens ao fornecedor, que é obrigado a recebê-las. O mesmo pode ser feito no caso de baterias, pilhas e outros produtos que contenham chumbo, cádmio e outras substâncias perigosas. De qualquer forma, o descarte de materiais deve ser cuidadoso e fazer parte do planejamento global da obra.

2.3.5 Estabelecimento, junto com os transportadores, dos locais de bota-fora para solos e materiais de descarte

Este item é uma continuação do anterior, porém foi destacado por um motivo muito importante: como descartar os materiais sem arrumar encrenca com as autoridades da região, a população e os colaboradores em geral? A lei, nesse caso, também é objetiva: a responsabilidade sobre o descarte de qualquer produto é da obra. Se você contratar um transportador para levar o material de descarte para um bota-fora com o qual também assinou um contrato, mas o transportador lançá-lo no meio do caminho, a responsabilidade é sua e você será multado e intimado a removê-lo. É claro que você poderá processar o transportador, contudo a multa é sua e "ninguém tasca"! E será possível ainda haver agravantes – se for material inerte, a multa será menor; se for contaminante, será maior; se for jogado em área de manancial, será muito maior; e, se for radioativo, será maior ainda –, assim como processo penal, pois você poderá ser acusado de crime ambiental. É mole ou quer mais? Pois tem mais: a depender do juiz que o julgar, você ainda deverá indenizar o município, o Estado ou a União, conforme o caso. Sem falar da "cana", que, essa sim, poderá sobrar para todo mundo. A propósito, mesmo o bota-fora contratado deve ter toda uma documentação provando que é legal até o último estágio; do contrário, vale o que foi dito anteriormente – o descarte será considerado ilegal ou irregular. E ainda tem mais, como será comentado a seguir.

2.3.6 Conferência periódica dos transportadores, que devem estar cumprindo o estabelecido

Por causa do que foi dito, é bom efetuar uma rigorosa fiscalização sobre o transportador para evitar problemas. Estabeleça um sistema de controle para cada veículo que sair com material de descarte, que deverá retornar com um recibo ou outro documento comprovando que o material foi entregue no local devido e nas condições requeridas. Esse procedimento é para sua segurança, pois, para o Poder Público, os responsáveis por esse descarte são você e o dono da obra, e este certamente irá processá-lo se houver algum problema dessa natureza.

2.3.7 Verificação dos empreiteiros e subempreiteiros, que devem estar cumprindo toda a legislação trabalhista e ambiental

A responsabilidade pela obra é sua e se estende a seus contratados e aos contratados deles. Então, qualquer irregularidade que alguém cometer dentro da obra ou em função dela é de sua responsabilidade, e você responderá solidariamente por ela. Tudo bem, você poderá processar o responsável (perante você) conforme o contrato entre vocês dois, contudo isso não interessa ao Poder Público, e, se houver condenação, sobrará para você também. Por isso, exija mensalmente os comprovantes de atendimento às leis trabalhistas e outras eventuais posturas locais de seus empreiteiros e subempreiteiros. Lembre-se de que, se um funcionário deles entrar na Justiça do Trabalho, certamente você e o dono da obra serão chamados solidariamente à lide e poderão ser condenados junto com eles. Mas vocês poderão chorar juntos no primeiro boteco que encontrarem! É o que vai restar.

3

A construção

Então começamos a construção, certo? Claro que sim e claro que não. De certa maneira, a construção já vem "se mexendo" há um bom tempo, por uma série de procedimentos que já fizemos lá: medições de terreno (topografia), inspeções fotográficas, sondagens, coletas de amostras, marcações preliminares e *otras cositas más*. Só que agora é definitivo – se antes operávamos do escritório, agora vamos nos mudar definitivamente para a obra e operar a partir dela. Já temos um canteiro (ou então estamos fazendo um), a equipe está mobilizada e nossa infraestrutura de trabalho está formada (ou em formação). Podemos seguir em frente. É claro que inicialmente vamos passar por vários percalços, além de ainda dependermos muito do escritório, mas, com o tempo, essa dependência diminuirá bastante, embora nunca suma de vez. Mesmo porque, como já dissemos antes, essa é uma decisão empresarial.

Muito bem, já que estamos aqui, mãos à obra (literalmente)!

3.1 Etapa 1 – Obras civis: elementos básicos

3.1.1 Aplicação de projeto, planejamento executivo, sondagens do subsolo

Todas as providências preliminares foram tomadas e é hora de efetivamente começar a obra. Mas, espere aí, há um engano aqui, na realidade a obra já começou, tanto é que até já forneceu subsídios para o projeto! Sim, o projeto de fundações, que já está pronto, foi baseado nas sondagens do subsolo executadas algum tempo atrás por uma empresa especializada.

Logo que o projeto básico ficou pronto, você fez a locação das sondagens em pontos e em número adequado ao projeto, de forma a propiciar uma boa visão das condições do subsolo, incluindo tipo de solo, cor, textura, resistência aos golpes do peso, níveis d'água, tudo conforme especificado na norma brasileira. As amostras coletadas foram analisadas pela empresa especializada, e os resultados foram apresentados num desenho acompanhado de um relatório descritivo informando todos os dados necessários para a elaboração do projeto de fundações. De qualquer forma, se ainda perdurar alguma dúvida, poderão ser efetuados outros ensaios, mas, a partir desse ponto, deverá ser chamado um especialista em fundações para dar consultoria e orientar a elaboração do projeto de fundações.

O emprego do projeto básico para a locação de sondagem é adequado, pois o projeto executivo dificilmente mudará tão substancialmente a locação das estruturas; uma pequena modificação não fará diferença significativa. Além do mais, para a execução das sondagens, não há realmente a necessidade de um canteiro de obras, uma vez que, além de ser um serviço relativamente rápido, não mobiliza equipamentos pesados e o número de pessoas é reduzido. Com o projeto de fundações em mãos, já se pode pensar em contratar a empresa executora (subempreiteira) desse projeto; antes, no entanto, é preciso fazer alguns trabalhos preliminares, além de completar o planejamento e o levantamento quantitativo da obra, chegando, enfim, ao cronograma físico-financeiro e ao planejamento de custos (orçamento executivo). A seguir, veremos quais trabalhos preliminares nos aguardam.

3.1.2 Construção de canteiro, gabarito(s), locação e terraplenagem e escavações

O primeiro trabalho é a construção do canteiro de obras, que, embora não seja muito urgente, não pode ser demasiadamente protelado, pois começará a interferir no andamento dos trabalhos mais prementes, como o(s) gabarito(s) e as escavações, além da própria fundação. Conforme já dito antes, é importante o canteiro não atrapalhar a obra, ou seja, ser construído em um local que não interfira na circulação de máquinas, equipamentos e caminhões de suprimentos e na remoção de terra e entulhos. Quando isso não for possível, deve ser elaborado um plano para mudanças, de forma a agilizar o processo e evitar contratempos.

Agora, o principal é a construção do gabarito da obra, que é a estrutura que orientará toda a locação da obra. Tudo que diz respeito ao assunto passa pelo gabarito, de tal forma que, sempre que possível, mesmo em obras menores, deverá ser chamado um topógrafo para supervisionar sua execução. Esse profissional é dispensável em obras muito pequenas e de menor responsabilidade, contudo você terá que dispor de uma equipe com razoável experiência para evitar problemas. Lembre-se de que um erro no gabarito pode comprometer a obra até o fim, pois será difícil corrigi-lo, chegando ao ponto de ter que alterar o projeto. Mas vamos a ele, "sua santidade" o gabarito.

3 | A construção

Esse elemento é muito importante à obra, mas, ao mesmo tempo, é bastante simples: trata-se de uma estrutura, no mais das vezes de madeira rústica (pontalete, tábuas e guias), que contorna toda a obra a ser locada. Caso existam outros blocos na obra, eles poderão ter outros gabaritos, desde que sejam "amarrados" com o principal (se isso for importante). As condições básicas e fundamentais de um gabarito de respeito são as seguintes:

- rigorosamente nivelado – pode ter vários níveis, mas com cotas bem definidas e com significado no projeto;
- os cantos devem ter rigorosos 90° – caso o projeto tenha outra angulação, o gabarito pode segui-la;
- travado e rígido – não pode "balançar" ou se movimentar em hipótese alguma.

As Figs. 3.1 e 3.2 apresentam um exemplo de gabarito de respeito.

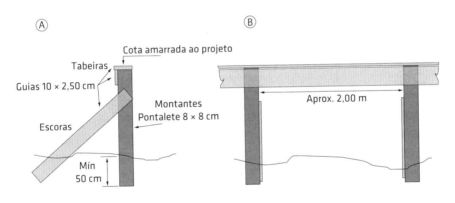

Fig. 3.1 *(A) Vista lateral e (B) vista frontal interna de um gabarito*

Mas como funciona o gabarito? De forma muito simples, e por isso ele é um sucesso. Em primeiro lugar, marca-se nas tabeiras a posição dos eixos do projeto, usando uma caneta esferográfica ou um lápis. É evidente que você vai puxar essa marcação a partir de referências constantes no projeto. Serão dois eixos, X e Y (ou N e E), a serem marcados nas faces frontais do gabarito. Daí, estende-se um fio (arame recozido ou linha de *nylon*, bem esticados) entre os pontos marcados do mesmo eixo nas faces frontais. Pronto, o(s) eixo(s) estará(ão) marcado(s) e você já poderá começar a locar sua obra. Infelizmente os fios estendidos podem interferir e atrapalhar os serviços, então terão que ser removidos e depois estendidos novamente, e depois removidos e estendidos mais uma vez, e assim sucessivamente.

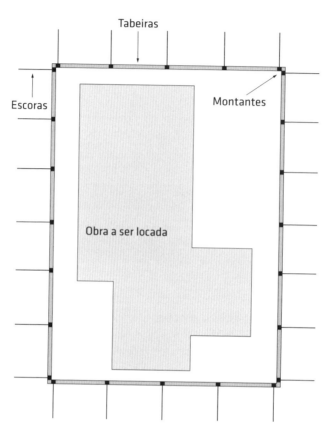

Fig. 3.2 *Vista em planta de um gabarito*

Ocorre que, com esse "tira e põe", a marcação pode acabar se apagando, ou durante o trabalho alguém pode esbarrar no fio e deslocá-lo. Se ninguém reparar, ocorrerá um erro de marcação. Para evitar isso, há um jeito simples e prático: utilize dois pregos (15 × 15 ou 12 × 12) para manter os fios no lugar (Fig. 3.3). Assim, o fio não se desloca e a cabeça do prego impede que ele saia dali, suportando às vezes sérias agressões e impactos devidos ao trabalho dentro de uma obra. De qualquer forma, os fios não precisam ficar estendidos o tempo todo, podendo ser recolhidos e enrolados e, quando de outra locação, serem novamente esticados. Após a locação das fundações e dos baldrames, a marcação dos eixos passa a ser feita nos próprios blocos de fundação, e, nessa medida, o gabarito torna-se dispensável e já pode ser removido.

Porém, ocorre uma dúvida a todo aquele menos inspirado pelo espírito da obra: o que vem primeiro, o gabarito ou a terraplenagem? A resposta não é simples

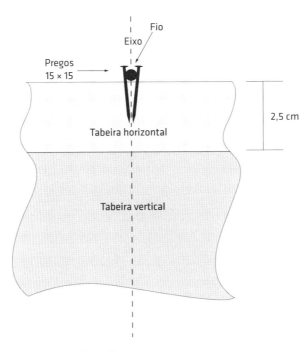

Fig. 3.3 *Detalhe do gabarito: vista lateral*

porque depende da topografia do terreno, do tipo de obra e de sua localização dentro do terreno. Se o terreno é muito acidentado e a obra prevê uma terraplenagem de nivelamento geral, esta deve ser feita em primeiro lugar. Se a obra é localizada num terreno amplo e com poucos desníveis, o gabarito pode ser feito antes, deixando-se aberturas para a entrada e a saída de equipamentos e caminhões. Se a obra tem uma configuração simples (um retângulo ou quadrado bem regular e pouca escavação), talvez seja melhor fazer a escavação antes e o gabarito depois, pois não há dúvida de que o gabarito realmente atrapalha a escavação ou pelo menos interfere nela.

Tudo deve ser considerado e analisado. Faça uma lista dos prós e dos contras de cada hipótese e analise-os cuidadosamente. Essa resposta somente você pode dar sobre sua obra. De qualquer forma, se sua decisão for fazer a escavação antes, lembre-se de que sempre pode realizar gabaritos provisórios (são dois; um par; um de cada lado; um em frente ao outro) para fazer algumas locações preliminares e necessárias antes ou mesmo durante a terraplenagem. Apenas tenha o cuidado de escolher um lugar adequado para esses gabaritos, de modo que você não precise removê-los até que possa fazer o gabarito definitivo. Isso pode ser realizado até escavando em volta dele e deixando-o no que se chama *dama*, que consiste num ponto preservado que só será escavado após transferir todos os elementos que foram locados por ele para o gabarito definitivo. Então, as damas deverão ser preservadas até esse momento e o lema na obra será: "as damas devem ser preservadas". Pelo menos até o momento da escavação.

3.1.3 Preparo de materiais básicos

Não está no escopo deste trabalho o detalhamento do preparo na obra de materiais básicos, mas apenas a relação deles (os principais no momento), com alguns comentários pertinentes, quando for o caso. Os detalhes técnicos específicos você terá que obter dos projetistas ou de manuais técnicos específicos que informam sobre como obter traços de concreto ou argamassas, técnicas de dobragem de ferros e orientações sobre execução, travamento e escoramento de formas.

Concretos magros e estruturais (traços)

Atualmente é muito raro as obras, mesmo as pequenas, prepararem concreto *in situ*, salvo em pequenas quantidades e para pontos sem grande responsabilidade estrutural. É o caso do concreto magro, usado basicamente como lastro e enchimento. Nesses casos, o usual é um concreto magro com 75 kg ou 100 kg de cimento por metro cúbico de concreto, a seu critério como condutor da obra. O traço completo é de 1 m³ de areia, 1 m³ de pedra 1 (ou misturado com pedra 2) e 1½ ou dois sacos de cimento. O melhor critério a adotar para essa decisão é o da presença de água no local do lançamento: se existe água acumulada e escorrendo no local de lançamento, use dois sacos; estando tudo seco, use 1½ saco no traço. Já para o caso do concreto estrutural, só o empregue em casos emergenciais ou se tiver uma boa betoneira na obra e o traço recomendado pelo calculista. É até interessante estar de posse desses elementos na obra para casos emergenciais, mas atualmente a preparação de concreto estrutural *in situ* é muito pouco utilizada, mesmo em obras pequenas. Além disso, fique atento: nunca prepare concreto estrutural no chão, virado na dupla pá/enxada. É um risco que não vale a pena correr, mesmo em enchimento de lajes e pisos, o que é muito comum, sob a desculpa de "economia". Nem sempre compensa.

Argamassas de assentamento e de revestimento

De certa forma, vale aqui o que foi dito com relação ao concreto, mas as alternativas são diferentes porque as argamassas podem ser preparadas com antecedência, coisa impossível para o concreto, lógico. Conforme o tamanho da obra, compensa comprar argamassa pronta, mas para obras menores o melhor é prepará-la na obra mesmo, desde que seja numa betoneira. O traço você terá que obter de manuais técnicos especializados, pois cada caso é diferente do outro, depende do que você vai fazer com ela. No caso de argamassa de assentamento, por exemplo, você terá que adicionar cimento num volume adequado à resistência que quer obter: veja no manual. Argamassa de assentamento de alvenaria de vedação: veja no manual. Argamassa de revestimento interno e/ou externo: veja no manual. Argamassa de assentamento de azulejos ou cerâmicas: não veja no manual. Use cimento-cola, é muito mais simples e eficiente! Veja na embalagem do produto!

Ferragens: corte e dobra

Antes, uma definição de obra: *ferragem* é o ferro em barras ou dobrado, *armadura* é a ferragem montada ou na forma!

Em tempos modernos como o nosso, tudo se compra pronto. Ou quase tudo. No caso da ferragem, hoje em dia, o mais prático é enviar uma cópia do projeto de armação para um fornecedor, que lhe entregará os ferros cortados e dobrados, às vezes até montados. É claro que há um preço para isso, mas, em compensação, você não terá a despesa de mão de obra e espaço para essa atividade, além de não ter que receber e operar aqueles enormes e pesadíssimos feixes de ferro. Contudo, não pense que você pode ficar sem uma mesa de dobra de ferro e pelo menos um armador (ou alguém que lhe faça as vezes)! Isso porque será necessário montar as ferragens em seus respectivos locais, dentro das formas. Além disso, eventualmente alguma coisa não dá certo e você precisa dobrar algum ferro na obra mesmo; existem ferros que serão necessários e não constam dos projetos: caranguejos, espaçadores, trespasses e emendas, por exemplo. Assim, temos o seguinte: você pode comprar o ferro dobrado, mas terá que manter na obra uma equipe mínima de armação de ferragem, além de um estoque mínimo de ferros para cada bitola empregada em seu projeto. Talvez você nunca venha a usar esses ferros, mas é melhor não correr o risco.

Formas (vigas, pilares, lajes e pisos)

Também as formas podem ser compradas prontas: entrega-se o projeto de formas ao fornecedor e ele prepara os painéis prontinhos, já com as costelas pregadas e os recortes feitos. Que bom! Alivia seu serviço, mas apenas um pouco, pois há coisa nessa arte que você não tem como comprar pronta: a montagem da forma, sua desmontagem (desforma), seu reparo e reaplicação (reúso), o escoramento que terá que ser feito de maneira única em cada local e por aí vai. De maneira geral, a compra pronta só compensa em obras maiores ou de maior complexidade, onde existem muitas formas diferentes e pouca repetição (pouco reúso). Nesses casos, você terá que manter uma equipe de carpintaria praticamente completa, bem como as instalações necessárias para o trabalho e os estoques de madeira e compensado, que podem ter que ser grandes. De qualquer maneira, você pode estudar essa hipótese, analisando os prós e os contras e chegando a uma conclusão.

Formas metálicas ou de outros materiais

Existem duas hipóteses do emprego de formas metálicas no presente momento: ou você precisa produzir uma determinada peça um grande número de vezes, e aí você projeta e encomenda (ou fabrica!?) uma forma específica, ou você a aluga de uma empresa especializada (existem inúmeras), que lhe fornece as peças e as instruções de montagem. Essa última hipótese é muito usada nos casos de concreto à vista (aparente), mas, em alguns casos, vale a pena empregar um desses sistemas por outras vantagens que ele oferece, como rapidez na montagem e na desmontagem, o espaço ocupado ser menor, facilitar o assentamento e a qualidade de certos revestimentos (azulejos e cerâmicas, por exemplo), e o risco de rompimento ser muito menor, principalmente em condições adversas (subsolos, galerias e canais, vigas e blocos de altura elevada, paredes estruturais etc.). Em vários casos de muro de arrimo, também é vantajoso o emprego dessas formas.

Há vários fornecedores desse tipo de forma, cada um com um sistema próprio que pode ser mais ou menos adequado para um tipo específico de obra ou de peça. Por isso, é recomendável estudar cada um dos sistemas, analisando seu custo-benefício, para chegar a uma conclusão e não se arrepender, o que é muito fácil de acontecer nesses casos! Mesmo porque, ultimamente, têm ocorrido lançamentos de novos materiais para formas com a pretensão de revolucionar o mercado. Na maioria das vezes nem são tanta novidade, já são antigos (fibra de vidro, por exemplo), apenas fizeram uma maquiagem no produto, incluíram um novo sistema de travamento e abertura e... tchã, tchã, tchã... eis uma forma revolucionária. Nem tanto, *cara pálida*, não é bem assim! Mas existem alguns que realmente apresentam aperfeiçoamentos interessantes. Não vou citar nenhum, porque não testei e não usei todos, então deixo a você o encargo de fazer isso. Por favor, se você testar algum produto novo que aprove e que seja especial, não deixe de me informar. Agradeço antecipadamente.

3.1.4 Movimentos de terra

A grande novidade é que continua tudo igual no reino da terraplenagem: o solo é velho, tem a idade do mundo, e continua exigente e sempre reagindo da mesma maneira – vacilou, ele despenca, vem abaixo e faz grandes estragos, principalmente com os atrevidos que insistem em pensar que sabem de tudo e que nada de ruim acontecerá com eles, só com os outros. É, mas um dia eles descobrem...

Nesta seção, em vez de seguir a itemização prevista, vamos incluir o texto de um curso ministrado por mim há alguns anos que é bastante elucidativo e cobre exatamente os itens relatados a seguir (Boxe 3.1):

- escavação manual;
- escavação mecânica;

3 | A construção

- escavação profunda (> 2,00 m) – sem e com escoramento;
- escoramentos em terra (valas/encostas);
- raspagem e apiloamento de fundo de escavações;
- reaterro compactado (simples e com grau).

O curso era voltado à execução de valas para tubulações, mas, dadas as similaridades, pode ser perfeitamente adequado para movimentos de terra de caráter geral.

Boxe 3.1   Execução de obras de terra

Evidentemente a execução dos trabalhos no campo deve seguir um ritmo próprio, sem ter que ficar dependente da evolução do projeto, ou seja, a obra deve ser iniciada "com todo o projeto pronto e verificado para que não haja solução de continuidade, o anda-para muito comum em obras de redes". Infelizmente as coisas não ocorrem assim, principalmente em obras de terra: a todo momento, a obra é obrigada a parar ou diminuir o ritmo por causa de um "probleminha" que ocorreu e não estava previsto no projeto. E, na maioria das vezes, isso acontece por falta de informações dos projetistas sobre as condições do terreno e/ou interferências, e quem acaba por fornecer as informações é a própria obra. Isso transforma o processo num círculo vicioso, do tipo "cachorro correndo atrás do próprio rabo", e não há condição de manter a obra num ritmo constante.

Para eliminar, pelo menos em parte, esse problema, a solução está na elaboração dos projetos: levantamento cuidadoso dos dados, desenhos claros e objetivos, memorial descritivo detalhado e relação de materiais completa. Em termos de prazo de execução e qualidade de trabalho, um bom levantamento de dados é um investimento que pode render pelo menos o dobro do que venha a custar.

Ocorre, porém, outro problema que também afeta a obra e que nos propomos a enfrentar nesta oportunidade. Essa situação não é muito grave, mas costuma causar alguns entraves e problemas que podem ser minimizados com o enfoque que queremos dar neste trabalho. Ele consiste em que grande número de projetistas não sabe como se faz a obra! Na prancheta (e agora na telinha), a coisa é simples: abre-se uma vala, coloca-se o tubo lá dentro, reaterra-se compactando e pronto. Na obra, é um pouco mais complicada e requer uma série de providências entre uma etapa e outra: para começar, a terra é ou dura ou mole demais, ou seca ou encharcada, parece que não há meio-termo! Também é preciso amontoá-la ao longo da vala (aí ela atrapalha o lançamento dos tubos) ou removê-la para um bota-fora provisório (às vezes longe!) e, quando for reaterrá-la, tem que trazê-la de volta! E por aí vai, são muitos "probleminhas" a serem resolvidos, muitos detalhes a serem considerados, e, se um deles passa em branco, está feito o enrosco, às vezes um trecho todo necessita ser refeito. Diante disso, nosso objetivo aqui é mostrar, *grosso modo*, como é feita uma obra de assentamento de tubos hidráulicos. Como exemplo, vamos considerar uma rede por gravidade, de esgotos ou águas pluviais, que é a mais complexa. As redes pressurizadas já não oferecem tantas dificuldades e podem ser adaptadas a partir do que aqui falaremos.

De qualquer forma, vamos em frente, supondo que nosso projetista coletou quase todos os dados necessários (sabemos que todos é impossível!), elaborou o projeto cuidadosamente e fez todas as previsões que ele conseguiu vislumbrar à frente. Os desenhos e o memorial descritivo detalhado (importantíssimo!) foram entregues, o planejamento da obra foi feito e os materiais, os equipamentos e o pessoal já estão na obra. Vamos começar, então, nosso trabalho de executar uma tubulação por gravidade.

Primeira etapa: locação e nivelamento

Na verdade, isso já foi feito antes, quando do levantamento de dados para o projeto, mas agora temos que conferir tudo e, principalmente, efetuar as marcações para a obra. Para tal, temos que piquetear ou pintar os pontos onde vão se localizar os poços de visita ou caixas de inspeção (PV/CI), marcar os *off sets* (projeção das áreas de escavação), conferir as interferências e, se possível, estabelecer os pontos de acumulação de materiais de uso imediato.

O nivelamento vem logo a seguir, em que se marca não só o nível da superfície, mas também a profundidade a ser escavada naquele ponto, que é geralmente onde se localiza um PV/CI. Como, entre um PV/CI e outro, o tubo obedece a uma reta (tanto horizontal como vertical), está definido o trabalho de escavação que deve ser feito entre eles. A profundidade de escavação deve ser ditada pelo nível de assentamento dos tubos mais o lastro, e não pela profundidade do PV/CI. Esta será adequada depois, com uma escavação suplementar.

Segunda etapa: escavação

Manualmente ou por meio mecânico, a escavação obedece a duas fases distintas. A primeira fase é mais grosseira e geralmente mecânica e consiste

3 | A construção

em remover a terra até aproximadamente a profundidade desejada. Caso seja necessário o escoramento descontínuo de madeira, é nesse momento que ele deve ser feito, à medida que a escavação avança. A segunda fase é mais delicada e geralmente manual e deve chegar ao nível de lançamento do lastro, ou seja, o assentamento do tubo mais a espessura do lastro. Para determinar essa profundidade com mais precisão, será necessária a construção de gabaritos sobre os futuros PV/CI, de onde serão esticadas linhas ou arames bastante tensos. Com isso, usando uma régua calibrada (um sarrafo com marcação da profundidade!), temos os pontos definidos ao longo do trecho. São efetuados, então, o nivelamento e a regularização do fundo da cava e posteriormente o apiloamento e, com o uso de pequenas estacas de madeira, o piqueteamento do fundo. Esses piquetes marcam o nível do topo do lastro, que é o nível de assentamento dos tubos. São as *mestras*. Feita essa marcação, é lançada, espalhada e socada a brita (ou concreto magro) até o nível dos piquetes, e está pronto o berço para receber os tubos.

Atenção, pausa! Vamos voltar um pouco, afinal o que foi dito anteriormente não vale sempre, tem suas condições. O intuito é justamente evitar chegar a esse ponto e descobrir que algumas coisas deveriam ter sido feitas antes, sob pena de sérios problemas, inclusive de segurança pessoal. Relembrando: na etapa de levantamento de dados, foi dito que seria necessário saber o "tipo de solo, profundidade do lençol freático (quando mais superficial), intensidade desse lençol, edificações e tráfego de veículos nas proximidades da vala, eventuais interferências existentes". Pois bem, de posse dessas informações, poderemos concluir se haverá necessidade de escoramento e de que tipo, se temos água na vala e com que intensidade (vai precisar de bomba?!) e se podemos nos "espalhar", fazendo uma vala com talude. A questão do tráfego de veículos nas proximidades tem dois enfoques: a trepidação, que pode vir a desestabilizar uma vala e até um talude, e a ocupação da área de circulação desses veículos. Esse ponto pode definir se a terra escavada deve ficar ao lado da vala ou ser removida para um bota-fora, mesmo que provisório. As interferências já estavam demarcadas, mas o problema de ter que fazer a obra em etapas deve ser considerado, assim como os outros problemas aqui referidos, antes de iniciar a escavação. Faz parte da etapa chamada *planejamento*, que teoricamente, em nosso exemplo, já foi realizado. A questão é: esses fatores foram devidamente analisados e considerados? Pois bem, exatamente por essa razão estamos falando disso no fim da segunda etapa, referente à escavação! Imagine chegar a esse ponto e constatar todos ou mesmo somente um desses problemas, sem ter sido previsto ou havido planejamento? Por esse motivo fizemos essa pausa, e continuaremos nela para falar de taludes e escoramentos.

Existem várias maneiras de prevenir um desbarrancamento de valas e, na verdade, nenhuma delas oferece 100% de segurança; todas têm suas vantagens, seus defeitos e suas falhas. Uma dessas maneiras é fazer uma escavação em talude. Isso, no entanto, demanda espaços laterais, o que nem sempre está disponível. A inclinação do talude depende basicamente do tipo e da consistência do solo, além, é claro, da existência de água acima do nível inferior da escavação. Caso o solo seja argiloso e tenha boa consistência, pode-se adotar uma declividade de até 3 × 1 (três medidas verticais para uma medida horizontal). No entanto, se a consistência não for tão boa, vamos ter que "deitar" mais o talude para declividades de 2 × 1 ou 1 × 1. Mais que isso, o que é uma indicação de solo com pouca consistência, o volume escavado aumenta muito e o talude pode deixar de ser vantajoso, mesmo dispondo-se de espaço. Então, é melhor partir para o escoramento.

Não é nosso objetivo falar aqui genericamente sobre escoramentos, que, por si só, constituem matéria para um livro, então falaremos apenas dos três tipos mais comuns e usuais, ficando os outros para serem definidos por especialistas no assunto, que devem ser chamados quando nenhum dos escoramentos a que nos referimos aqui atender em termos de confiabilidade e segurança. Devemos nos lembrar sempre de que uma falha (ou falta) de escoramento pode provocar sérios prejuízos não só econômicos, mas também pessoais e morais.

O tipo mais comum é o escoramento descontínuo, que são pranchas de madeira cujo comprimento é cerca de 1 m maior do que a profundidade máxima da vala e que são cravadas (cerca de 30 cm/50 cm) no fundo dela, com o resto sobrando para fora. Essas pranchas são cravadas aos pares, a cada metro (ou mais ou menos, a depender do tipo de solo e do nível d'água), uma de cada lado da vala, e travadas com peças de madeira (pontalete, estronca etc.), uma contra a outra, se preciso usando uma cunha para fixá-las bem. Essas travas devem ser colocadas a cada metro (verticalmente) a partir do topo da tubulação a ser assentada, com folga para poder movimentar e encaixar os tubos. No sentido longitudinal da vala são fixadas guias, também de madeira, a cada 0,50 m/1,00 m, conforme o tipo de solo, desde o nível do lastro até o topo. É necessário que as guias horizontais passem por trás das estroncas de travamento para ficarem travadas, junto com as pranchas. Esse tipo de escoramento se presta para valas de até 3,50 m de profundidade; além desse valor, fica instável e pode não resistir, principalmente se existir fluxo de água na meia altura da vala. Também não é adequado se houver muita água infiltrando-se pelo fundo da vala.

Outro tipo comum é o pontaletado, contínuo ou não, que se constitui de pontaletes ou estroncas de eucalipto cravados de dois em dois, um de cada lado da vala, espaçados de 1 m, no mais das vezes com o auxílio da própria retroescavadeira. Por trás dessas estroncas são colocadas tábuas em faixas horizontais, que podem vedar a terra completamente (encostadas umas nas outras) ou ser espaçadas de 20 cm, 40 cm ou até 60 cm. Também são usadas cunhas da mesma maneira já descrita. Esse tipo de escoramento resiste a até 5 m de profundidade e é indicado quando não existe um fluxo muito grande de água na vala. É mais empregado quando o solo muda no meio da escavação, ou seja, quando há uma camada de solo mole ou pouco compacto a partir de certa profundidade. Então, abre-se um talude na parte superior e faz-se um escoramento desse tipo dali para baixo.

Para solos mais moles ou para maiores profundidades, o melhor escoramento pode ser com estacas-prancha, o que já é um serviço a ser realizado por empresas especializadas. Nesse caso, pranchas metálicas são cravadas por meio de bate-estacas adequados ao longo das linhas de *off set*, até uma profundidade de no mínimo 1,50 m abaixo do lastro. Somente após esse serviço é que começa a escavação. Conforme o tipo de prancha e a profundidade, podem ser ou não necessários travamentos horizontais. Como existem empresas especializadas nesse tipo de serviço, esses detalhes podem ficar a cargo delas.

Não se deve improvisar o escoramento; ele deve ser feito de maneira planejada e consciente. Caso seja constatado um problema não previsto – uma alteração de solo ou um fluxo de água mais forte, por exemplo –, deve-se parar os serviços e chamar um especialista, que analisará as condições e dará a receita. Um vacilo ou uma precipitação nesse momento podem custar muito caro não só em dinheiro, como também em vidas. Assim, se complicou, chame um especialista; nessa hora, amadores aprendem e tiram fotos. Os jornais estão nos lembrando disso a todo momento!

Terceira etapa: execução do lastro

O lastro pode ser supérfluo, mas também pode ser fundamental. Em caso de solo seco, razoavelmente homogêneo e não muito duro, o lastro pode ser substituído pelo próprio solo, adequadamente nivelado e compactado (não se esquecer dos piquetes/mestras). Funciona muito bem! Todavia, convenhamos, essas condições são muito raras, e, na maioria das vezes, o lastro é de extrema importância e facilita muito o trabalho de assentamento dos tubos e sua regularização. Se tiver água na vala, então, ele é imprescindível, porque ajudará a drená-la, possibilitando um trabalho quase a seco.

O lastro pode ser de areia, de brita 1, brita 2 ou brita 3 ou de areia e brita misturadas, dependendo do tipo e do peso dos tubos que serão assentados sobre ele e do volume de água e de lama existente no fundo da vala. Pode ser usado também o famoso lastro de concreto magro, em geral para tubulações leves ou mais delicadas, que não sejam ponta e bolsa, e em valas secas ou com pouca água.

O lastro em brita funciona como dreno e ajuda a escoar a água, facilitando o serviço de assentamento dos tubos e o reaterro posterior.

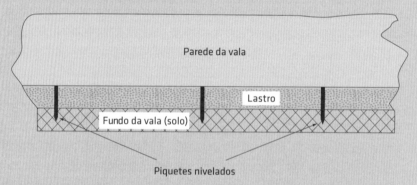

Perfil longitudinal de escavação de vala

Recomendação prática: o fundo da vala, regularizado, nivelado e piqueteado, ao receber o lastro, facilita muito o trabalho de regularização e alinhamento da tubulação, evitando corcovas e sinuosidades nela.

Quarta etapa: lançamento de tubos

Ao executar o escoramento, é sempre bom ter em mente que teremos que descer com tubos para dentro da vala e, para isso, não podemos encher o escoramento de travas, sendo necessário prever a passagem dos tubos. Tubos leves de materiais petroquímicos (PVC, PP etc.) são fáceis de manejar e não oferecem muitos problemas, mesmo com bitolas e comprimentos maiores.

3 | A construção

Já tubos de concreto ou metálicos podem ser problemáticos, e é preciso um melhor planejamento para descê-los para o fundo da vala. Inclusive, pode ser necessário remover temporariamente algumas estroncas para permitir a passagem deles, as quais são recolocadas depois. Em nosso caso, os tubos já chegaram ao fundo da vala e estão sendo montados, conectados uns aos outros. Ocorre que, por ação do próprio peso, pela ação das bolsas dos tubos ou de deslocamento do lastro pelas pisadas dos funcionários, certamente eles ficarão irregulares e necessitarão ser ajustados, principalmente no que se refere ao caimento. A mesma linha ou arame que ligava os gabaritos (veja na segunda etapa) deve ser estendida de novo, muito bem esticada, e com a régua se faz uma nova marcação e se confere o nível de cada encaixe de um tubo no outro. Se for preciso subir o tubo, ele é levantado com uma alavanca e brita é jogada sob ele até que fique na posição correta; no caso inverso, retira-se brita.

Cabe aqui uma advertência: se, em função da distância entre um PV e outro, ocorrer uma catenária (curva ou "barriga") na linha, mesmo esticada, ela deverá ser corrigida através de gabaritos intermediários, tantos quantos forem necessários, e seus níveis deverão ser marcados com cuidado para evitar erros. O cálculo não é difícil, uma simples regra de três, mas também é muito fácil errá-lo, por isso é bom conferi-lo com cuidado. Erros de centímetros em 30 m/40 m parecem pouco e são pouco visíveis no fundo da vala, mas, com isso, pode-se inverter uma declividade e criar um ponto alto (ou baixo), o que facilita muito a ocorrência de entupimentos e obstruções no futuro. De qualquer maneira, depois de pronto o trecho, estica-se a linha dento da vala, o mais próximo do tubo e observa-se se não há ocorrência de pontos fora da reta que deve prevalecer entre um PV e outro, tanto na horizontal como na vertical.

Pronto, os tubos estão alinhados, nivelados, conectados e chumbados de PV a PV, boa hora para se fazer um teste de estanqueidade: tampa-se a boca do tubo na parte baixa e enche-se o mesmo de água na parte de cima. Como se trata de um duto livre, funcionando por gravidade, não há necessidade de pressão, e esse tipo de teste é suficiente. Caso haja vazamento, faz-se o reparo e repete-se o teste. Depois é só aterrar.

Observação adicional: quando se faz o teste de estanqueidade, usa-se sempre água limpa, nunca o esgoto ou a água suja que se acumula em algum lugar. Isso porque, depois de efetuado o teste, há que se descartar a água e, se ela for suja, a vala, a jusante, vai ficar muito ruim! Outra coisa: justamente por isso é conveniente sempre executar uma tubulação desse tipo *a partir de jusante para montante* (de baixo para cima!), assim fica melhor para descartar a água de teste e também escoar a água da chuva, do lençol freático, do saturamento etc., que aparece durante a obra.

Quinta etapa: reaterro

Em se tratando de tubos de PVC ou similares, torna-se temerário o emprego de compactadores mecânicos muito próximos a eles, que podem ser danificados nessa hora. Além disso, na parte inferior do tubo, podem ocorrer vazios, que, com o tempo, propiciam o desconfinamento do solo empregado no aterro e seu *afundamento*. Assim, recomendamos fortemente que se empregue areia grossa para reaterro, saturada, nessa fase. A camada de areia deve seguir até a altura de meio diâmetro acima do tubo, para só então fazer a proteção da lajota ou prosseguir com aterro compactado com solo. Para tubos metálicos e de concreto, usar a areia (pode ser brita 1 socada com varão) pelo menos até a metade do tubo. Não empregar solos moles para reaterro pois isso significa problemas no futuro. Caso haja a necessidade de uma compactação mais cuidadosa, será necessária a realização de ensaios para medir os graus de compactação, o que demandará a presença de técnicos de laboratório de solos. Normalmente, o grau de compactação mínima mais adequado é 85% P.N. (Proctor Normal), mas isso quem vai definir é o projetista da via ou do que passará ou se assentará por cima.

Um ponto importante nessa etapa é a remoção dos escoramentos, que evidentemente depende do tipo de escoramento empregado, mas alguns pontos são básicos:

- as estroncas de travamento e as tábuas horizontais devem ser removidas de baixo para cima, à medida que o reaterro avança;
- as pranchas verticais somente devem ser removidas quando o reaterro estiver praticamente no fim, se necessário, com auxílio de equipamentos mecânicos (uma retroescavadeira, por exemplo). Só deixar o acabamento da pavimentação para depois dessa etapa;
- em tubos de PVC ou similares, não faça "envelopamento" com concreto, ele pode danificar o tubo se, por acaso, for deslocado.

Veja a seguir exemplos de valas reaterradas:

3 | A construção   59

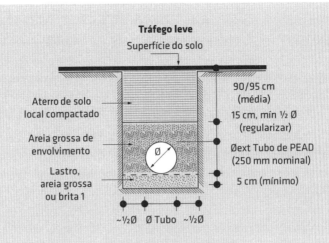

Exemplos de reaterro de tubulação

Sexta etapa: construção de PV/CI

Os poços de visita costumam, de maneira geral, ser colocados a cada mudança de direção ou, em média, a 60 m de distância um do outro, embora possam ser feitos a distâncias bem maiores, segundo a norma. Eles podem ser construídos de concreto, alvenaria e até fibra de vidro ou outros materiais, porém o importante mesmo é a maneira como devem ser feitos e "fixados" no solo, principalmente se o nível d'água for mais elevado que o fundo deles. Se o material empregado em sua execução for leve (fibra, PVC ou outros), é fundamental que sejam bem "ancorados" em blocos e eventualmente em estacas para evitar sua flutuação.

Na verdade, a construção de PV/CI pode ser feita de qualquer material, desde que seja bem "fixado" e não se mova por efeito dos fluxos hídricos do lençol freático. Um ponto importante nesse caso é lembrar que um grande número de PV/CI se localiza naturalmente em pontos baixos (é para baixo que correm as águas!), onde os níveis dos lençóis freáticos são altos, o que leva a pressões de flutuação do PV/CI devido ao empuxo. Daí a necessidade de "ancorar" muito bem, principalmente os PVs, que são mais profundos e que, mesmo em concreto ou alvenaria, podem "flutuar" e ser deslocados, provocando a ruptura nas tubulações e um sério problema no sistema, além de causar grandes danos na área como um todo. A ancoragem pode ser feita em concreto ou, eventualmente, com estacas e blocos.

A escavação para a construção do PV é semelhante à da rede, conforme já descrito anteriormente, porém lembrando que, devido à sua maior largura, a vala oferece mais dificuldade de escoramento. É claro que, havendo condições, pode ser usado talude em vez de escoramento ou vice-versa; nada impede uma mudança no processo de contenção do solo, desde que haja condições técnicas e espaço para tanto.

Contudo, é fundamental que o enchimento de ajuste no interior dos PV/CI contemple impermeabilização das faces de contato do fluido coletado para evitar contaminação, as meias-canas no fundo ligando os tubos de entrada ao tubo de saída, além de eventuais barbacãs localizadas acima do nível médio do lençol freático para descarregar as pressões de empuxo (de fora para dentro). Outro ponto: em hipótese alguma um PV/CI deve ter mais de uma saída, sob pena de ocorrerem entupimentos e problemas recorrentes. Ele pode ter inúmeras entradas, mas somente uma saída compatível, em diâmetro, com as entradas. No caso de ser necessária uma divisão de fluxo, ela deve ser feita através de uma caixa específica para isso, com saídas em níveis diferentes ou septos separadores, obra que deve ser projetada e calculada para essa tarefa, que, aliás, é pouco usual.

Outro aspecto a ser considerado é o lançamento final de águas pluviais, caso ele seja feito em um curso d'água, lagoa ou outro tipo de corpo d'água, com barranco em terra sem proteção. O ideal é que seja feito um frontão de alvenaria ou concreto para proteger o tubo em sua seção final. No caso de uma enchente, sempre há o risco de solapamento do apoio do tubo, com o arrastamento do lastro de brita e do próprio tubo, e, assim, o frontão os protegeria. Na impossibilidade de fazer esse frontão, o melhor é usar um "colar de

3 | A construção

concreto armado" no tubo, preso a uma broca (ou estaca), executada a cerca de 1,00 m de seu término. A armação desse colar deve se ligar à armação da broca, fixando ali o tubo. A profundidade da broca deve ser proporcional ao tipo e à resistência do solo no local e ao diâmetro do tubo (entre 1,00 m e 3,00 m para diâmetros entre 100 mm e 600 mm, por exemplo).

A propósito, nesse caso de possibilidade de enchente que atinja o tubo no lançamento, é bom considerar também o emprego de uma válvula de retenção, para evitar a invasão de águas do corpo d'água na tubulação e seu consequente assoreamento e obstrução.

Última etapa: testes e acabamentos

Na verdade, os testes devem ser feitos a cada etapa da obra, pois, se houver problemas, já poderão ser corrigidos, evitando que se propaguem de maneira avassaladora. Imaginem que em determinado ponto ocorreu um erro de caimento ou de nivelamento. Se a obra prosseguir, pode ocorrer a propagação desse erro e, quando detectado, na hora de corrigir o desastre é total. Assim, deve-se fazer o teste e a confrontação dos níveis a cada PV para garantir que não haverá qualquer distorção ou anomalia ao longo da obra. Mas tudo bem, chegamos ao fim, e é hora de testar o conjunto da obra, verificar se tudo funciona bem, se não há entupimentos nem obstruções. O procedimento é simples, todos o conhecem, mas poucos o fazem! Já tivemos oportunidade de constatar sérios problemas de obstruções em tubulações novas, que, em alguns casos, inviabilizavam sua utilização! Assim, é fundamental gastar alguma água *limpa* para fazer os testes, lançando-a, com o auxílio de um carro-pipa, de baixo para cima, ou seja, do PV mais baixo para os mais altos, de forma a identificar as falhas no ponto certo. Se realizarmos esse processo ao contrário, de cima para baixo, caso haja uma obstrução ela provocará uma inundação na parte superior a ela, o que dificultará muito a resolução do problema, pois será necessário remover essa água represada.

Fim da transcrição!

Deu para ver que essas considerações estão de acordo, em linhas gerais, com as especificações de um trabalho de movimento de terra: tudo o que foi dito aqui relativo a valas serve para um trabalho de escavação, compactação e reaterro genérico, ou seja, serve para qualquer serviço normal de terraplenagem, atendendo a todos os subitens especificados.

3.1.5 Sondagens de reconhecimento

A execução de sondagens de reconhecimento do terreno é imprescindível e deve ser feita antes de qualquer outra coisa na obra, até mesmo antes do canteiro. Toda construção deve ser precedida de uma sondagem, mesmo que seja a escavação de um pequeno poço. Devem ser realizadas, no mínimo, duas sondagens no caso de obras muito pequenas, mas o ideal são três sondagens para mais furos, evidentemente dependendo da área da obra. Em geral, existem dois tipos de sondagem para efeito de projeto de fundação: a trado e Standard Penetration Test (SPT).

A sondagem a trado, pouco usada para fundação, a rigor só define o tipo de solo (coisa para especialistas) e o nível do lençol freático e só serve para obras muito pequenas, como pequenos galpões ou casas populares de um pavimento – mas, mesmo assim, com reservas. Não gaste seu tempo e dinheiro aprofundando o furo para além de 6 m, pois não vai adiantar nada.

Já o SPT é bem mais completo e define também a resistência do solo, o que pode ter significados importantes. A profundidade também deve ser maior, como 10 m para pequenas construções, 15 m para construções médias e 25 m para construções maiores. No entanto, isso é muito relativo, pois, na verdade, o que vai determinar a profundidade é a resistência do solo, embora as considerações anteriores também sejam levadas em conta: por exemplo, para uma construção média com cargas relativamente baixas, a atuação delas além de 10 m de profundidade é praticamente nula, dispersada que foi no cone de distribuição de cargas. Vamos então a 12 m ou até 15 m como margem de segurança, mas conscientes de que esses resultados, mesmo que ruins, não terão grande significado para efeito de projeto de fundação. A interpretação dos resultados das sondagens deve ser feita por um especialista em Mecânica dos Solos, que, avaliando os dados ali apresentados, definirá o tipo de fundação mais adequado à construção projetada. A Tab. 3.1 apresenta a classificação de solos por resistência adotada pela maioria dos projetistas.

3.1.6 Fundações diretas e brocas

Definida em projeto, a execução de fundações diretas costuma ser simples e sem muitas complicações. Nesses casos, geralmente a ocorrência de água é externa, ou seja, trata-se de chuva, escorrimento de água que caiu na vala ou alguma infiltração superficial. Essas ocorrências, evidentemente, devem ser cuidadas e eliminadas, pois na vala de fundação direta não deve haver água; pelo contrário, ela deve ser o mais seca possível. Nas obras menores, as fundações diretas são basicamente de dois tipos: sapata simples ou sapata corrida.

3 | A construção

Tab. 3.1 CLASSIFICAÇÃO DE SOLOS EM FUNÇÃO DA RESISTÊNCIA

Solo	Denominação	Mostrador SPT
Compacidade de areias e siltes arenosos	Fofa	≤ 4
	Pouco compacta	5-8
	Medianamente compacta	9-18
	Compacta	19-41
	Muito compacta	> 41
Consistência de argilas e siltes argilosos	Muito mole	< 2
	Mole	2-5
	Média	6-10
	Rija	11-19
	Dura	> 19

A sapata simples é dimensionada pela carga aplicada sobre ela dividida pela taxa de resistência do solo, dado que é obtido após análise de especialista (preferível) ou por métodos empíricos. Nessa última condição, não se recomenda a adoção de taxas superiores a 1 kgf/cm², mesmo que o solo se apresente muito resistente (duro ou muito compacto!). De qualquer forma, para confirmar, tente cravar com as mãos uma barra de ferro φ8 mm no local da sapata. Se conseguir cravar apenas 15 cm com esforço, então adote 1 kgf/cm². Se passar disso, até 20 cm, adote 0,8 kgf/cm², e, até 25 cm, 0,6 kgf/cm². Se o valor for maior do que isso, aprofunde a escavação (pelo menos mais 25 cm) e repita os testes na nova profundidade até conseguir resultados satisfatórios (15 cm, 20 cm ou 25 cm), mas esteja sempre atento aos resultados das sondagens efetuadas no local para comparar os valores e avaliar o que estará por baixo dessa sapata.

Já a broca é uma situação diferente: embora não seja efetivamente uma fundação direta, também não é uma fundação profunda, pois está muito sujeita às condições da superfície do solo – infiltração de água e eventuais escavações em suas proximidades, fatores que não afetam uma fundação profunda. Na verdade, a broca é uma miniestaca com diâmetro entre 20 cm e 25 cm e comprimento máximo de 5 m. Além disso, não há garantia nenhuma de que ela esteja efetivamente íntegra, nem há como se certificar disso. Aliás, é muito difícil escavar manualmente com trado cavadeira, como é o caso da broca, para mais de 4 m; só se o terreno for muito pouco resistente, o que já é um mau sinal, sendo melhor adotar outro tipo de fundação. Particularmente, não é recomendável utilizar broca com mais de 4 m de profundidade.

3.1.7 Estacas e tubulões

Atualmente existem vários tipos de estaca, além das tradicionais pré-fabricadas e cravadas a golpes de bate-estacas. São geralmente estacas moldadas *in loco*, além da Strauss e da Franki, já tradicionais. Entre outras variedades e variações, temos a estaca hélice contínua, a estaca raiz, estacas escavadas com o uso de bentonita, a estaca barrete e estacas mistas. Neste trabalho, vamos analisar as mais comuns, que são as pré-fabricadas cravadas e a Strauss, pois se destinam basicamente a construções pequenas e de médio porte. As outras costumam ser empregadas em obras maiores e com enfoque diferente do nosso.

Estacas de qualquer tipo (e tubulões também) são sempre coroadas por um bloco de fundação, que fará a transição entre as fundações (infraestrutura) e a superestrutura. Elas são definidas pelo projetista, que determinará seu tipo, sua posição relativa, sua capacidade de carga e sua quantidade e também estimará o comprimento de cada uma delas. Com as estacas locadas na obra (ver seção 3.1.2, em que se fala do gabarito) e com a empreiteira que as executará contratada, vamos agora começar a obra de fato.

Estacas pré-fabricadas ou estacas metálicas (perfis)

As estacas pré-fabricadas são de vários tipos e modelos, mas fundamentalmente funcionam da mesma maneira: são levantadas pelo bate-estaca e posicionadas sobre a marca da posição, geralmente um piquete de madeira, e então o martelo (peso) da máquina desce sobre ela e começa a bater. Os martelos são de vários pesos, que variam conforme o tamanho da estaca, mas os mais empregados são os de 800 kg, para estacas com 40 t a 60 t de carga. As estacas têm vários comprimentos, mas normalmente os segmentos iniciais possuem 10 m, e, caso necessário, emenda-se um segmento adicional e continua-se a cravação. A primeira estaca a ser cravada na obra chama-se estaca-prova e destina-se a comprovar se o comprimento previsto com base nas sondagens está correto; para isso, empina-se a estaca mais comprida do lote, que está lá justamente para essa finalidade: verificar o quanto ela penetra até dar *nega*. O que sobrou é cortado para atingir a *cota de arrasamento*. A partir daí, já se avalia melhor a profundidade que as estacas vão atingir, e elas terão menos perda por corte.

A seguir, são definidas a nega e a cota de arrasamento:

- *Nega*: é uma medida empírica que indica o quanto a estaca penetra após dez pancadas do martelo. Quanto menor for essa medida, melhor, mas até certo ponto. Poderia se dizer que a medida ideal é zero, mas ela é muito difícil de alcançar; a estaca geralmente se rompe antes e aí está perdida, não serve mais. Nesse caso, terá que ser batida outra estaca, além de deslocada,

3 | A construção

o que tem implicação no bloco de fundação, que terá que ser recalculado. Qual seria a medida de nega ideal, então? Varia de lugar para lugar, mas pode-se dizer que entre 7 cm e 5 cm estaria de bom tamanho. Observe que, se você obtiver três ou quatro medidas seguidas de 10 cm cada, estará bom; se forem duas medidas de 8 cm, também; se for uma de 5 cm seguida de cinco golpes e a estaca penetrar somente 2 cm ou 3 cm, também estará bom. Não persiga a nega zero, na prática ela não existe, você vai é romper a estaca! Uma última observação: durante a cravação, tenha sempre em mãos o perfil das sondagens e o projeto de fundações, para ter uma ideia do tipo de solo que a estaca está atravessando. Se ela endureceu e depois amoleceu, é porque encontrou um solo mais resistente e, a seguir, um solo mais mole. Mas será mesmo? Confira o perfil de sondagem do furo mais próximo. Se ele não confirmar essa hipótese, há o grande risco de a estaca ter se rompido no trecho duro! Confira essa informação com o operador do bate-estaca, que costuma ter boa experiência nesse assunto!

- *Cota de arrasamento:* essa é a cota de engastamento da estaca no bloco de fundação, ou seja, é exatamente ali que ela deve ser cortada, tomando-se o cuidado de deixar pelo menos 70 cm de ferragem da estaca com arranque para sobrepor-se à ferragem do bloco. Essa cota costuma estar 5 cm a 10 cm acima da cota de apoio do bloco no lastro.

Estaca Strauss

A estaca Strauss é o tipo de estaca mais simples e mais barato que existe. Sua grande vantagem é que, por não necessitar de grandes equipamentos – apenas de um tripé, muito semelhante ao equipamento de sondagem –, pode se deslocar para locais de difícil acesso e até mesmo para o interior de edificações, sem grandes problemas. Na verdade, essa estaca é uma espécie de broca executada com mais técnica do que aquela mencionada anteriormente. Ela é ideal para cargas de até 40 t, no entanto tem alguns problemas que exigem atenção de quem a executa e/ou acompanha: estrangulamento de fuste e indefinição de nega, por exemplo.

Durante sua execução, ao sacar o revestimento enquanto soca o concreto, pode ocorrer de o concreto vir junto com o revestimento se não estiver bem socado. Nesse momento, abre-se um espaço na estaca e a lama penetra por ali, secionando-a. Se o problema não for percebido, a estaca estará com um segmento de terra/lama no meio dela e, quando for carregada, com certeza vai ceder até eliminar esse trecho estrangulado, que poderá ser de 10 cm, 20 cm ou até 30 cm. Nessa altura, sua fundação já foi para o brejo e talvez até sua obra! Por isso, é preciso estar muito atento ao controle do saque do revestimento.

O outro problema é que não existe realmente nega, e o operador segue basicamente a sondagem que foi executada. É claro que ele confere, à medida que escava, o tipo de solo e a resistência que este oferece. Ao chegar à profundidade prevista no projeto, se as informações estiverem batendo, ele vai parar e começar a concretagem. Ou seja, ele não tem muita certeza, na maioria das vezes, de que aquela é a profundidade correta naquele ponto; pode ser que ali exista um ponto fraco e a nega seja um pouco mais embaixo. Contudo, ocorre que, nas estacas em geral e particularmente na Strauss, o efeito de ponta é muito menos importante que o atrito lateral. Então, uma coisa compensa a outra e tudo costuma dar certo. A estaca Strauss termina exatamente na cota de arrasamento, mas deve passar cerca de 10 cm acima, de modo a ser feito um tratamento em sua "cabeça" (apicoamento do concreto) para ela aderir ao bloco.

Consideração final: estacas de qualquer tipo têm muito mais resistência pelo atrito lateral do que pelo efeito de ponta (nega). Para se ter uma ideia, uma estaca que está sendo batida, mas ainda não deu nega, não pode ser deixada para terminar no dia seguinte. Uma vez começada a cravação, a estaca terá que ser terminada sem interrupção, porque no dia seguinte ela não entrará mais, o solo fechará em torno dela e ela adquirirá resistência própria. A estaca não possuía efeito de ponta (nega), mas agora, 12 horas depois, tem atrito lateral. Se você insistir, pode acabar rompendo-a. E na cabeça!

Um dado a mais: a ruptura da estaca dificilmente ocorre só por esmagamento da ponta. Normalmente ela se rompe também com uma fissura vertical que a divide longitudinalmente, formando uma ponta que se desvia da parte de baixo e penetra lateralmente no solo.

Tubulões

Nas construções pequenas e médias, é muito difícil o emprego de tubulões como elemento de fundação. Mesmo no caso do chamado tubulinho, que é um tubulão com cerca de 3 m ou 4 m de profundidade fora a base (fuste), seu uso é muito raro. Quando é utilizado, é como ancoragem ou "morto" (contrapeso para equipamentos industriais de elevação ou para guinchos, ou mesmo lastro de inércia para absorver vibrações). De qualquer forma, sua execução é sempre motivo de muita atenção, pois, como se trata de um poço, sempre existe o risco de desabamento, o que coloca pessoas em risco. O maior problema, além de abrir o poço (fuste), é depois abrir a base que vai distribuir a carga para o solo. Isso porque o fuste pode ser revestido com tubos metálicos ou anéis de poço (aduelas), mas é muito difícil a base receber algum tipo de escoramento. De todo modo, é um tipo de fundação de alta capacidade de carga e que trabalha com muito efeito de base, e não mais com efeito de ponta das estacas. Há também o atrito lateral, só que em proporção igual ou inferior ao efeito de base.

3 | A construção

3.1.8 Concreto: montagens, aplicações e lançamentos

Formas

As formas deverão ser preparadas, o máximo possível, nas bancadas de carpintaria, onde os painéis serão cortados e receberão as costelas de sarrafos, espaçados conforme o gabarito elaborado anteriormente e definido por você. Isso mesmo, o carpinteiro vai lhe perguntar sobre o espaçamento: 25 cm, 30 cm ou 40 cm? Você deve tomar a decisão de acordo com o tamanho da forma, a espessura da peça de concreto, a altura etc.: quanto maior for o esforço previsto, menor deverá ser o espaçamento das costelas. Uma vez prontos, os painéis são transportados ao local de aplicação e montados, no fundo e nas laterais, quase simultaneamente com a armadura. Nos pilares, normalmente as formas são montadas pela metade (duas faces), depois é montada a ferragem, com espaçadores, então é montada a outra metade e, por fim, é fechada a forma. Geralmente as próprias costelas da forma é que travam as formas, fazendo as vezes de gravatas.

Em vigas com altura muito grande, uma ou mesmo as duas formas laterais terão que ser mantidas abertas para permitir um bom acesso à ferragem para o término de montagem da armação e também para permitir a colocação de espaçadores entre a ferragem e a forma, tanto nas laterais como no fundo. Eventualmente, estando tudo montado, a ferragem é simplesmente lançada dentro da forma já fechada nas laterais. Então, só faltará a colocação das gravatas, que vão gabaritar a espessura da viga e garantir que ela não se abra quando do lançamento do concreto.

Armaduras

Atualmente, muitas armaduras já são fornecidas totalmente montadas e a obra se limita a fazer eventuais pequenos ajustes. Porém, eventualmente, é preciso também armar, em casos em que a peça é mais complicada ou então quando é necessário armar as ferragens no canteiro, tirando medidas no local de aplicação. Isso também pode ocorrer em situações em que é necessária a colocação de *inserts* ou a interação/amarração com a ferragem ou a armação de outras peças. Nos casos em que a montagem da ferragem deve ser feita no próprio local de aplicação, isso se deve geralmente à necessidade de se adequar ou "fazer caber" a armação na forma, em razão do pouco espaço disponível ou de peculiaridades da peça ou da própria obra. É importante sempre considerar que a finalização da montagem da armação se dá com a colocação de espaçadores para assegurar que a forma efetivamente feche, o que garante que as medidas estão corretas, e também para evitar que a ferragem fique exposta depois de concretada, sujeita à corrosão.

Concreto estrutural

Terminada a montagem das formas e armações, com tudo bem travado e todas as medidas e ferros conferidos, tudo em seus devidos lugares, está na hora de iniciar o lançamento do concreto estrutural. O concreto não estrutural tem uma lógica diferente, pois é normalmente usado como lastro ou enchimento e, portanto, não requer muitos cuidados além de limpeza e precauções para não invadir áreas indevidas. O primeiro passo, ou melhor, o passo prévio de qualquer concretagem é conferir a limpeza das formas: não pode haver restos de serragem ou madeira, pontas de ferro, arames recozidos, pregos e sobretudo terra. Ou seja, elas devem estar absolutamente limpas. Caso seja necessária a aplicação de algum desmoldante, ele não deve contaminar a ferragem e deve ser aplicado somente nas formas. O passo seguinte é a lavagem das formas: com um esguicho, deve-se molhá-las bem, particularmente aquelas partes que terão contato com o concreto, para evitar que as madeiras secas suguem a água do concreto, alterando seu traço.

Com os vibradores testados, a postos (ou barras de ferro φ½" ou ¾" para obras muito pequenas), podemos iniciar o lançamento do concreto. Se for concreto magro, não haverá grandes problemas, mesmo porque ele raramente é vibrado. Mas com o concreto estrutural é diferente. Caso ele esteja sendo fornecido por uma usina, não se esqueça de conferir o traço e a resistência que estão lhe entregando: às vezes eles se enganam! Estando tudo correto, vamos acertar o abatimento (*slump*) do concreto a ser lançado. Esse ajuste geralmente é feito pelo próprio motorista do caminhão-betoneira, que emprega uma peça chamada cone de *slump* para obter o valor em centímetros. Assim, se o valor for muito alto, significa que o concreto está muito mole, e, se o valor for muito baixo, significa que o concreto está muito duro. Normalmente o valor não pode ser muito alto, acima de 8 cm, pois altera o traço do concreto e transforma-o em uma "sopa", nem muito baixo, inferior a 5 cm, pois dificulta muito a operação de espalhamento, além de propiciar o aparecimento de buracos no concreto após a desforma (bicheiras).

Considerações adicionais: se a peça for muito complicada, cheia de reentrâncias, engastes ou *inserts*, você pode pedir um abatimento (*slump*) maior, mas forneça um saco de cimento para cada 5 m³ de concreto e acrescente-o na betoneira. Isso garantirá que seu traço (relação água/cimento) não será muito alterado para pior. Assim, você poderá subir o *slump* para 10, talvez até 11. Depois disso, vira "sopão", que só é bom depois da concretagem. Porém, esse tipo de ajuste pode ser necessário quando você precisar empregar uma bomba para lançar o concreto: a bomba gosta de concreto com *slump* 10 e até superior. Aí o traço já virá adequado da usina, mas você continuará tendo que fornecer um saco de cimento para que seja feita a "bucha", que é a lubrificação da tubulação que vai conduzir o concreto até o local de lançamento.

3 | A construção

O lançamento do concreto deve ser realizado com bastante cuidado e atenção. Evite fazer lançamentos muito grandes de uma vez só, o que é sempre complicado. Sempre que possível, divida as peças para concretá-las por partes. Prepare e teste os vibradores, sempre com as agulhas adequadas e diâmetros corretos. Prepare sua equipe e dê as instruções previamente, e não na hora que o concreto está caindo. O vibrador não é uma vara de pesca para ser puxado rápido; os movimentos têm que ser calmos, e não agitados. A vibração deve ser bem-feita, embora não excessiva, para não provocar a desagregação do concreto, que ocorre quando os agregados graúdos começam a afundar no concreto, concentrando-se no fundo da forma e separando-se da areia e do cimento. Isso é péssimo, pois o concreto perde a homogeneidade e, consequentemente, a resistência.

Ah, lembrei-me de outra coisa: mantenha um controle estrito sobre o tempo. Após quatro horas de sua saída da usina, o concreto não deve mais ser empregado, e sim descartado, pois já iniciou a pega e, se lançado, se misturará com concreto novo. Nessa altura, ele vai funcionar apenas como agregado e, consequentemente, vai alterar e enfraquecer aquele concreto novo que está sendo lançado. A exceção para esse caso é se ele foi aditivado com *retardador de pega*. Mas aí seria preciso conferir quanto tempo o aditivo adicionou ao "tempo de vida" do concreto.

3.1.9 Blocos de fundação e vigas baldrames

Os blocos de fundação *coroam* as estacas. Existem blocos de todos os tamanhos, com uma a até cinco estacas. Não tenho conhecimento de blocos com mais de cinco estacas e penso que isso não deve ser comum, embora não exclua essa possibilidade. Os blocos de fundação servem para receber a carga dos pilares e distribuí-la pelas estacas. Assim, por exemplo, um pilar com carga nominal de 60 t pode distribuí-la, através do bloco, para três estacas de 20 t ou quatro estacas de 15 t. Isso é uma opção ou uma conveniência do calculista. Também é função do bloco de fundação equilibrar os esforços excêntricos através de vigas alavancas que saem dele até blocos menores que coroam as estacas, as quais ancoram e equilibram as excentricidades. Normalmente os blocos também recebem as vigas baldrames, que formam uma malha que os trava e estabiliza, impedindo que se desloquem por efeito de cargas diferenciais e esforços horizontais, causados por momentos fletores. Eles devem ser apoiados, durante sua execução, sobre solo compactado coberto com lastro de brita ou concreto magro.

3.1.10 Pilares

Os pilares ou colunas são peças com que se deve tomar muito cuidado, talvez até mais do que com as vigas. O caso é que, se der problema num pilar, ele pode afetar várias vigas e lajes, em vários níveis. Isso é algo que me parece óbvio, dispensa maiores detalhes. No entanto, os problemas dos pilares são, na maioria das vezes, de fácil solução e, depois de corrigidos, não costumam deixar sequelas importantes: até pilar concretado torto tem solução! A construção fica esquisita, mas não cai. Aí já temos os primeiros problemas: prumo e distorção. O prumo é óbvio, todo mundo sabe o que é e depende basicamente de atenção e cuidado ao montar e travar a forma. O processo, no caso dos pilares, é o seguinte: a armadura é levada ao local e encaixada nos arranques que vêm da fundação ou do andar inferior. Às vezes duas ou três faces da forma já estão semimontadas, de preferência com o prumo ajustado e a forma já travada. Isso porque o ajuste do prumo deve ser feito preferencialmente pela face interna da forma, sem a ferragem, que atrapalharia o posicionamento do prumo de face. Pelo lado de fora estão as gravatas, que vão atrapalhar também. Mas isso, no aprumo final, nós vamos contornar. O prumo de face deve conferir as três faces internas da forma, e ela é travada de modo que não se mova mais. Coloca-se então a armação (não esquecer os espaçadores!) no lugar, fecha-se a forma com a montagem da quarta face e termina-se o travamento pregando-se as gravatas. Essa última face deve ter uma janela na parte inferior que possibilite a limpeza da forma e eventualmente ajude no acerto do prumo do pilar. Então, com a ferragem acertada, a última face pregada e a forma fechada, está na hora da conferência final de acerto do prumo do pilar. Assim, temos que:

- cortar quatro sarrafos (cerca de 40 cm cada um) e marcar com lápis um espaço de 5 cm a partir de uma das extremidades de cada sarrafo;
- marcar outro ponto 15 cm a partir dessa primeira marca;
- agora os sarrafos devem ser pregados na forma (pelo menos dois pregos em cada um), dois sarrafos em cima e dois embaixo, mas em faces ortogonais. A segunda marca que foi feita, a de 15 cm, deve ficar correspondente à face interna de cada forma.

Pronto, agora, com o auxílio de um prumo de centro (pode ser um fio com um peso amarrado na extremidade), verifique o prumo pelas marcas nos sarrafos. Elimine as diferenças e acerte o prumo.

Mas, já que estamos mexendo nisso, vamos eliminar também as distorções: normalmente todos os pilares de cada eixo devem ter as faces paralelas ao eixo e no mesmo alinhamento. Acerte o posicionamento dos pilares (estenda um fio desde o primeiro até o ultimo pilar e faça o ajuste, girando ou deslocando a forma) com o auxílio de uma marreta, dando leves pancadas para ela chegar à posição correta. Esse acerto deve ser feito quando uma linha de pilares está pronta para ser concretada e deve ser realizado nos dois eixos, de modo a garantir o esquadro. Agora, sim,

3 | A construção

o pilar está pronto para ser concretado. Só não se esqueça de verificar se não há nenhum ferro encostando na forma; caso haja, é preciso desencostá-lo, fazer uma limpeza fina (soprar com ar comprimido), fechar as janelas de limpeza de cada pilar e conferir se está tudo pronto para o concreto. Ah, ia me esquecendo: confira e, se for o caso, reforce os escoramentos para que, durante a concretagem, as formas não se desloquem ou abram. Agora, sim, vamos ao concreto!

Antes, providencie um funil de madeira ou de chapa cuja boca inferior, com pelo menos 50 cm de comprimento, caiba no interior da ferragem, e então molhe bem a forma e introduza o funil na ferragem. Podemos iniciar o lançamento, que deve ser feito lentamente, para evitar sobrecarregar demais a forma. O concreto não deve cair livremente de mais de 2,50 m de altura, pois pode se desagregar, comprometendo a qualidade e a resistência da peça concretada. Ao caírem de muito alto, no choque com o fundo da forma, as pedras, mais pesadas, afundam dentro da massa e, com a vibração, afundam mais ainda, ao mesmo tempo que a argamassa sobe; assim, criam-se camadas com mais pedra e com menos pedra. Para evitar isso, se a altura do bico do funil for maior que 2,50 m, adapte um pedaço de mangueira grossa (φ15 cm, no mínimo, ou 20 cm, desejável) na ponta do funil e, por dentro da ferragem, aproxime essa mangueira até os 2,50 m do fundo da forma. À medida que a concretagem avançar, vá subindo com a mangueira e, por fim, elimine-a, e depois elimine também o funil, encerrando a concretagem daquele pilar. Ah, a vibração: faça uma estimativa ou uma medição e, a cada 40 cm ou 50 cm de concreto lançado, aplique o vibrador por no máximo um minuto, tempo esse acumulado para cada camada. Se houver vibração demais, pode ocorrer segregação. Por isso, não fique enfiando e tirando o vibrador o tempo todo; quando for necessário tirá-lo, faça-o lentamente para não deixar buracos na massa.

E atenção: como acima de um pilar vem quase sempre uma viga ou uma laje, pare a concretagem de pilares isolados cerca de 20 cm antes de alcançar o nível da face inferior dessas peças, e já dê início ao preparo de uma junta de concretagem, cutucando o concreto recém-lançado com uma colher de pedreiro ou um ferro. Desse modo, quando for lançar a camada seguinte, bastará quebrar aquelas partes já meio soltas (apicoamento), expondo o concreto adensado e sem nata logo abaixo. O melhor é sempre concretar o pilar junto com a viga e a laje que estão por cima, evitando, assim, a junta dentro de uma forma de pilar, que é sempre apertada. O preparo dessa junta passa para a borda superior da viga ou da laje, onde é bem mais fácil trabalhar.

Note que adotamos como exemplo um pilar com seção quadrada ou retangular. Se o formato for outro, deve-se realizar os ajustes necessários, mas a ideia é a mesma.

3.1.11 Vigas e lajes

Nas vigas, o maior problema é a limpeza da forma, e essa pode ser uma razão para concretar vigas e pilares de uma vez só: quando se faz a limpeza da laje e da viga antes da concretagem, manda-se a sujeira e as escórias para dentro da forma do pilar (ainda vazia) e, pela abertura deixada no pé dos pilares, faz-se sua remoção. Antes disso, porém, temos que montar as formas, escorá-las e travá-las para que não se deformem. Nessa altura do campeonato, essa é a parte fácil, desde que as marcações da obra estejam bem-feitas! Se não, é aí que "a porca torce o rabo", principalmente para níveis diferentes daqueles onde foram feitas as marcações: as medidas internas começam a não bater, faltando num lado e sobrando no outro, e aparecem desalinhamentos, além de outros inconvenientes. Nada que não seja passível de uma solução, só que deixa sequelas! Mas suas marcações estão corretas e tudo está nos conformes – a ferragem colocada e fixada, os espaçadores encaixados e as formas limpas e lavadas (molhadas). Já pode ter início a concretagem. As recomendações sobre o uso do vibrador são aquelas constantes no item anterior e, mais do que nunca, devem ser observadas aqui:

- Não vibre no mesmo ponto por muito tempo; para lajes, 30 segundos no mesmo local costumam ser mais do que suficientes.
- Prefira arrastar devagar a agulha do vibrador em vez de ficar tirando-a e pondo-a em lugar próximo.
- Nesse "tira e põe", proceda com cuidado e devagar; não puxe com violência.
- Aproveite a ferragem para transmitir vibração para o concreto, mas tenha cuidado ao fazer isso com a forma, pois ela pode se despregar e abrir.
- Não demore muito nas vibrações dos pilares e das vigas, pois pode ocorrer ruptura da forma; vibre apenas o mínimo necessário. Se os agregados graúdos ficarem submersos pela calda de cimento, talvez você já tenha vibrado demais, está segregando. Pare e dê uma mexida na ferragem com uma alavanca para reverter esse excesso de vibração.
- Outro processo de reversão à liquefação (as pedras afundaram e só aparece calda de cimento) é jogar uma ou duas pás de concreto novo no local onde ocorreu a possível segregação e misturá-las com uma barra de ferro, sem vibrar.
- Lembre-se de que excesso de vibração pode ser tão ruim quanto sua falta.
- Evite concretar em dias de chuva, principalmente lajes. Pilares e vigas já não apresentam muito problema.

Essas são algumas das inúmeras recomendações com relação ao processo de lançamento e adensamento de concreto. Com a prática, a gente vai pegando a manha!

3 | A construção

3.1.12 Escoramentos de formas de paredes e peças de montagem (de concreto ou metálicas)

Quando da execução de paredes estruturais, deverão ser preparadas formas constituídas por painéis de compensado que comporão toda a extensão da parede, de pilar a pilar, em toda a sua extensão ou até que feche o quadrado (poço de elevador, por exemplo). Serão duas formas estruturadas (painéis) que moldarão a parede e que deverão conter em seu interior a armação e o concreto ainda mole lançado pela bomba ou por carrinhos. O tipo de compensado empregado para a execução desses painéis vai depender de sua necessidade: se for para concreto a ser revestido, basta um compensado resinado; já para concreto aparente, o melhor é um compensado plastificado. Eventualmente, pode-se empregar também tábuas ou guias, mas aí já é mais para efeito decorativo. Uma chapa de compensado resinado mede 2,20 m × 1,10 m, enquanto uma chapa de compensado plastificado mede 2,40 m × 2,20 m, e as espessuras variam: 6 mm, 9 mm, 12 mm, 15 mm, 18 mm ou 21 mm.

Atenção: a espessura da chapa de compensado a ser empregada deve ser definida pela carga a ser aplicada na forma – quanto mais espessa for a peça, maior será a espessura da chapa e menor será o espaçamento das costelas (isso já foi dito antes!). Mas eu ainda vou repetir isso mais adiante!

Esses painéis costumam ter a altura máxima definida pela posição (deitado ou em pé) e pelo tipo de compensado empregado, e são constituídos unitariamente por uma folha de compensado enrijecido verticalmente por "costelas" (sarrafos de 5 cm × 2,5 cm ou pontaletes de 6 cm × 8 cm) e, sobre elas, horizontalmente, pontaletes ou guias (tábuas de 30 cm × 2,5 cm) desdobradas longitudinalmente em 2 (˜15 cm) ou 3 (˜10 cm), dependendo da altura da forma e da espessura da parede. Os painéis são colocados justapostos e unidos por sarrafos, tanto horizontal como verticalmente, chegando-se assim à forma completa nas dimensões definidas em projeto. A vedação entre eles pode ser feita por uma tira de compensado pregada nos painéis (por dentro ou por fora) ou por produtos destinados a isso. O espaçamento dos sarrafos e dos pontaletes vai depender da carga exercida pelo concreto fresco lançado no interior da forma. Quanto maior for essa carga, menor será o espaçamento entre eles.

São ainda empregados parafusos passantes que atravessam o interior da parede, mantêm as duas formas frontais afastadas na medida correta (espessura da parede) e, ao mesmo tempo, impedem que elas se abram ou se deformem, num trabalho conjunto com a estrutura de madeira da forma. Esses parafusos terão, na travessia no interior da futura parede, bainhas de PVC que funcionarão como espaçadores das formas (espessura da parede) e também permitirão a remoção dos parafusos quando da desforma.

Na montagem, os painéis vão sendo dispostos lado a lado e, em seguida, os pontaletes (estrutura horizontal) são aplicados, formando um lado da forma. A armação que vai ficar no interior dos painéis deve estar em perfeitas condições, galgada e com espaçadores, para não encostar nas formas e ficar exposta, e os painéis do outro lado são então colocados e a forma é fechada. Para manter o espaçamento das ferragens, devem ser empregados espaçadores específicos, de barras de aço dobradas de várias maneiras e que, nas obras, costumam ser chamadas de *caranguejos*. Caso seja necessário, ainda podem ser colocadas escoras nas laterais da forma para garantir o prumo e o posicionamento da parede e também para reforçar sua segurança.

É aconselhável lançar o concreto em camadas não superiores a 1,50 m, seguindo assim por todo o comprimento da parede, e depois começar de novo do ponto onde teve início o lançamento. Isso porque o concreto, ainda mais sendo vibrado ou socado, exerce uma carga muito alta sobre a forma; se sobrecarregada, a forma pode se romper ou abrir, o que pode ter sérias consequências. Fazendo a aplicação em camadas, o concreto lançado já endureceu e passa a absorver parte da carga da(s) camada(s) superior(es).

3.1.13 Travamentos e escoramentos de formas (pilares, vigas, lajes pré-fabricadas ou moldadas *in loco*)

O escoramento de formas, particularmente daquelas horizontais (vigas e lajes), deve ser muito bem pensado. Na dúvida, se for o caso, deve-se solicitar especificações ao calculista. Lembre-se de que o concreto lançado tem um impacto muito grande sobre a forma. Vejamos: a forma e a ferragem têm um peso relativamente grande, em torno de 250 kgf/m², mas ele já está lá e não vai causar muito impacto. Essa é a carga lenta. Agora, há ainda o peso dos operários e equipamentos por cima (vibradores, carriolas, ferros e madeiras adicionais) e, de repente, vem o concreto, que pesa cerca de 2.200 kgf/m³. E ele vem empolado e sendo puxado, vibrado, descarregado violentamente! Essa é a carga rápida. E a Física ensina que a força dinâmica duplica o trabalho. A forma precisa estar muito bem escorada para não dar vexame, o qual, além do prejuízo financeiro, pode causar estragos em pessoas, instalações e equipamentos. Embora não sejam muito comuns, acidentes desse tipo têm ocorrido até com certa frequência. Trabalhe sempre com folga na segurança. O melhor é utilizar equipamentos específicos para isso, como escoras e cavaletes metálicos, que são facilmente alugados e não dão espetáculos na TV.

Quanto aos pilares, os escoramentos devem ser feitos preferencialmente com tábuas dispostas inclinadas (mãos-francesas), desde o meio do pilar até o chão. Deverão ser feitas no mínimo três linhas de escoras, dispostas ao redor do pilar

3 | A construção

de forma a garantir seu prumo ou o ângulo para o qual foi projetado. Mas, como a maioria dos pilares tem seção quadrada ou retangular, fica muito difícil garantir um prumo com escoras dispostas a 90° uma da outra: vai sobrar uma face sem escora, e isso é perigoso. Então, ou se utiliza mais uma face de escora (a quarta) ou se utilizam calços para fazer o ângulo entre as escoras ficar a 120° uma da outra. Outra alternativa é utilizar andaimes desmontáveis para o escoramento, mas aí os próprios andaimes terão que ser escorados, por cordas ou cabos de aço.

As lajes moldadas *in loco* poderão ser escoradas por meio de escoras ou vigotas metálicas apoiadas em andaimes metálicos com altura regulável. É uma solução melhor e mais prática do que o escoramento de madeira. Todo esse equipamento pode ser alugado, e isso torna esse processo mais econômico que aquela tradicional estrutura de madeira (pontaletes, tábuas e uma infinidade de pregos e até parafusos). Quase tudo vira lenha depois de um, no máximo dois aproveitamentos, sempre com muita perda, inclusive de tempo. A única peça em comum nos dois casos é o painel de compensado de fundo da laje, que, aliás, é a que propicia o melhor reaproveitamento. Já para as lajes pré-fabricadas com vigotas e lajotas de cerâmica ou outro material, basta uma linha de escoras no meio (duas linhas, no máximo, para vãos maiores). Essa(s) linha(s) pode(m) ser feita(s) empregando andaimes metálicos ou tábuas e pontaletes, o que estiver disponível no momento.

Em todos os casos de escoramento, seja qual for o tipo, é importantíssimo verificar as condições do piso onde ele se apoiará: se for um piso simplesmente cimentado, ele deve ser reforçado com uma tábua sob os pontaletes ou apoios dos pés dos andaimes. Caso seja apenas solo, ele deve ser muito mais reforçado, com tábuas e pranchas, de modo a distribuir muito bem as cargas que vão suportar. Lembre-se de que esse piso tende a ficar molhado devido à água que vai escorrer do concreto recém-lançado e daquela empregada na cura, e, se um apoio ceder ou afundar, torna-se muito difícil consertar o estrago. E caro também!

Observações:

- Nas Figs. 3.4 e 3.5, sem escala, estão indicados pelo menos quatro tipos de escoramento, e é evidente que isso dificilmente ocorrerá; serão escolhidos, de acordo com as circunstâncias, no máximo dois tipos. Mas apresentamos todos eles como exemplo e comparativo. É claro que existem muito mais tipos, mas são menos usuais e poderão ser verificados ao longo da experiência de cada um.
- Quanto aos *caranguejos*, os ilustrados são os dois tipos mais comuns, mas há inúmeros outros tipos, que são produzidos de acordo com a necessidade. Essas peças empregam o mesmo tipo de aço usado nas ferragens, e as bitolas costumam ser a partir de 8 mm para paredes e 12,5 mm para lajes.

Esses ferros não constam das listas de ferragem fornecidas pelos projetistas (calculistas). Deve ser colocado um a cada metro quadrado, no mínimo, e suas quantidades devem ser adicionadas à lista de ferros.

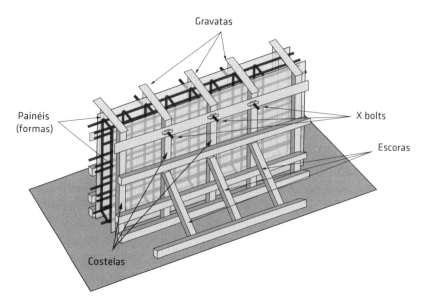

Fig. 3.4 *Travamento de formas: painéis (desenho sem escala)*

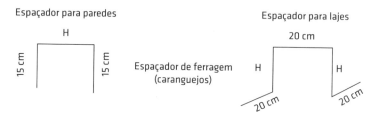

Fig. 3.5 *Espaçadores para paredes e lajes*

Costelas são pontaletes, sarrafos ou guias que estruturam a folha de compensado de forma a absorver a carga gerada pelo concreto lançado no interior da forma, bem como seu espalhamento provocado pela vibração ou pelo socamento. O espaçamento entre as costelas é calculado com base na espessura e na altura da peça: quanto mais alta e espessa a peça de concreto, maior a espessura da chapa, menor

3 | A construção

o espaçamento entre as costelas e maior a dimensão da costela. Da mesma forma, as guias laterais também podem variar de tamanho e espaçamento conforme essa carga devido ao concreto fresco. Essas considerações geralmente são feitas na obra pelo engenheiro-residente (você!?), mas sempre é bom consultar algum colega mais experiente no assunto. A propósito, os carpinteiros e os mestres de obra costumam ser bons nisso, mas, se você ainda não tiver firmeza, peça o auxílio do calculista. Afinal, foi ele que "inventou" essa peça! Atenção: as hastes de ferro devem sempre se localizar no cruzamento da costela com a guia horizontal.

Na Fig. 3.6, os pregos indicados como "semipregados" são deixados assim para facilitar a desforma. Os pregos "pregados" são aqueles em que a carga do concreto é axial e tende a arrancá-los durante a concretagem e a vibração, ou então quando tiverem contato direto com o concreto (face interna da forma).

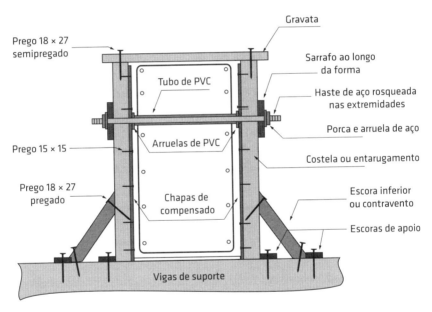

Fig. 3.6 *Travamento de formas: vigas*

Os pregos apontados no desenho são os mais usuais, mas podem ter alternativas, como 18 × 24, 18 × 30 ou até 18 × 33 (mais grosso) para o 18 × 27. Para o 15 × 15, temos 15 × 18, 15 × 21 e até 15 × 27 como alternativa.

A haste de ferro pode ser ajustada por meio de uma espécie de cunha que pressiona o ferro e evita que a forma se abra, geralmente chamada em obra de *perereca*. Ela é rústica e muito prática, podendo ser reusada muitas vezes. Essas peças podem também ser alugadas.

Isso tudo é muito importante, pois a ruptura de uma forma é um tremendo incômodo e pode representar um prejuízo muito grande. Na Fig. 3.7, apresenta-se um esboço representando um "pequeno acidente". Numa escala maior, as consequências podem ser muito ruins.

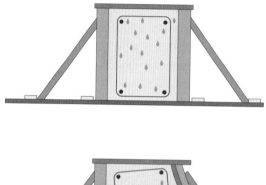

3.1.14 Cura do concreto

Após o lançamento, deixe o concreto dar a primeira pega e, após três ou quatro horas, já pode iniciar o processo de cura. No caso de pilares e vigas, normalmente não há muito o que fazer a não ser molhar a superfície e mantê-la úmida por pelo menos 36 horas após a concretagem. Uma boa esguichada a cada duas ou três horas é suficiente. À noite, poderá ser a cada cinco ou seis horas. Já para lajes ou vigas largas, há mais coisas que podem ser feitas. Começa-se por molhar bem a superfície da peça. Espalhar uma camada de areia fina, média ou grossa (3 cm a 5 cm) (ver tabela granulométrica no Anexo 2) por cima da laje, ou viga se for o caso, ajuda a conservar essa umidade por mais tempo e também a vedar melhor a laje, praticamente a impermeabilizando, pois os finos da areia penetram em seus poros e em suas microfissuras. Mas é preciso mantê-la sempre bem molhada e saturada, jogando água com esguicho, durante pelo menos 72 horas. Evite baldes e latas, pois eles espalham a areia, deixando buracos e prejudicando a cura. Rastele (com rastelo de madeira) a areia para mantê-la uniforme. Para um melhor efeito, mantenha essa areia úmida sobre a laje por alguns dias, uma semana se possível. Sua laje vai ficar praticamente estanque. Outros métodos de cura, como cura a vapor, também podem ser empregados, mas eles custam muito mais caro e nem sempre o efeito é muito melhor. Observe que eu considerei o uso de areia fina para esses tipos de serviço: na verdade essa é uma das únicas possibilidades de uso desse tipo de areia na obra, pois ela "fornece" mais finos que penetram nos poros e nas fissuras e que ajudam a impermeabilizar a laje. Após a cura, dispense essa areia.

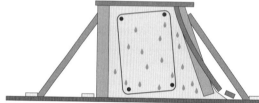

Fig. 3.7 *Ruptura de forma*

3 | A construção

3.1.15 Alvenarias

As alvenarias envolvem uma série bastante grande de alternativas, dada a grande variedade de materiais disponíveis no mercado: vão desde o tradicional tijolinho de barro cozido até os blocos de concreto celular, passando por tijolos e blocos de cerâmica, de concreto, de vidro etc. A cada dia aparecem novidades, inclusive tijolos feitos a partir de cinzas de fornos de incineração ou de outros materiais básicos, incluindo até plásticos. Aqui vamos nos ater aos principais tipos, os mais usados atualmente na maioria das obras: o tijolinho de barro, os blocos de cerâmica, concreto e concreto celular. Há ainda um item à parte, que é a parede de placas de gesso tipo *drywall*, mas, normalmente, quem trabalha com esse material geralmente são empreiteiros especializados, e, então, deixaremos esse item para eles.

As alvenarias em condições normais têm três espessuras: 10 cm, 15 cm e 25 cm. Menores espessuras (10 cm e 5 cm) são usadas para revestimentos ou pequenas paredes chamadas *espelhos* e nunca têm qualquer ação estrutural, apenas vedação. Maiores espessuras (30 cm ou 40 cm) são usadas nos respaldos de fundações ou em casos muito especiais, como paredes de segurança ou com função estrutural específica.

Basicamente as alvenarias são assentadas de duas formas: junta travada e junta a prumo. Na primeira opção, as juntas verticais se alternam entre as fiadas assentadas, enquanto na segunda as juntas são todas coincidentes em todas as fiadas. Na verdade, não há grande diferença entre essas duas alternativas, e a solidez da parede depende muito mais da qualidade dos materiais e da mão de obra empregados do que da maneira como foram assentados. Fundamental mesmo é o prumo da parede (resistência e estética) e o nivelamento das fiadas (estética e resistência). A primazia da estética e da resistência se alterna em cada caso, mas ambas são muito importantes, principalmente quando a parede tem alvenaria à vista. Outra coisa essencial para alvenarias, revestidas ou à vista, é a resistência estrutural: a alvenaria não possui quase nenhuma resistência à "tração", ou seja, esse tipo de esforço pode derrubar uma parede com certa facilidade se não forem tomadas certas providências, como pilaretes e vergas. O que é isso? Vejamos:

- *Pilaretes*: são pequenos pilares (portanto, verticais!) em concreto, geralmente com seção quadrada e dimensões equivalentes à espessura da parede. Têm de dois a seis ferros com diâmetro entre 6,3 mm e 8 mm, dependendo da altura e da espessura da parede, bem como de sua finalidade (simplesmente vedação ou necessidade de suportar um telhado, por exemplo). Costumam ser construídos a cada dez blocos assentados numa fiada (nos blocos de concreto), ou seja, aproximadamente a cada 4,0 m, mas essa medida pode variar de acordo com a finalidade da obra. A Fig. 3.8 apresenta alguns exemplos.

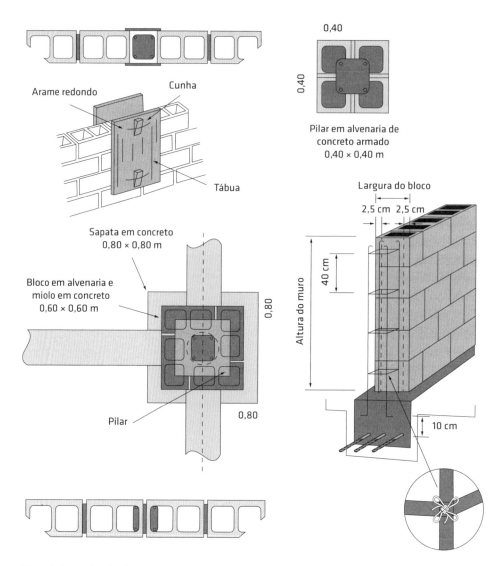

Fig. 3.8 *Exemplos de pilaretes*

- *Vergas*: são vigas, de certa forma, semelhantes aos pilaretes, mas horizontais e que servem para dar resistência longitudinal às paredes. As dimensões são parecidas com as dos pilaretes, e o número e a bitola dos ferros também. Costumam ser construídas a cada sete ou oito fiadas (nos blocos de concreto), ou seja, aproximadamente a cada 1,5 m, mas essa medida pode variar de acordo com a finalidade e as condições específicas da obra. A Fig. 3.9 apresenta alguns exemplos.

3 | A construção

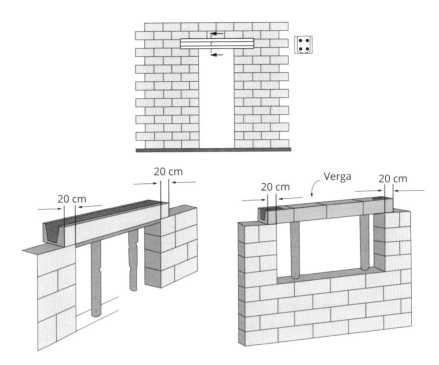

Fig. 3.9 *Exemplos de vergas*

Esse tipo de providência dá muita resistência à alvenaria, que passa a oferecer muito mais segurança aos usuários. Uma parede ou um muro de alvenaria, qualquer que seja sua altura ou material, deve sempre terminar com uma verga em seu topo. Essa verga também é chamada de *cinta* e deve coroar todas as paredes a seu término. No caso de paredes de vedação que começam e terminam em vigas, não se usa a cinta, pois já existe a viga superior. No entanto, para ajustar as medidas (pois dificilmente as medidas da alvenaria batem certinho com as medidas dos vãos), são empregados meios blocos nas medidas horizontais e blocos cortados nas verticais.

Outro expediente usado em paredes revestidas é o emprego de tijolos de barro cortados na medida do complemento necessário ou de tijolos de barro inteiros assentados e inclinados no espaço entre a última fiada e a viga. Essa fiada se chama *encunhamento* (alguns o chamam de acunhamento!). As vergas também devem ser empregadas nos vãos das paredes – janela, portas e outros vãos deixados para passagem ou visão –, porém com medidas diferentes, exceto a largura, além de diferentes quantidades e bitolas de ferro.

Nos casos específicos de alvenaria de blocos, os pilaretes e as vergas podem ser executados no interior dos blocos e não aparecem mesmo em caso de alvenaria aparente, dispensando a forma e o escoramento. Para os pilaretes, basta remover a casca existente no fundo de cada bloco por onde ele vai passar, colocar os ferros e lançar o concreto. Caso seja conveniente, coloque o ferro antes e enfie os blocos depois, na hora de assentar. Para as vergas, remova as faces laterais e internas de uma fiada de blocos, coloque os ferros e lance o concreto. Melhor ainda é comprar blocos chamados *blocos canaletas* ou *blocos canais* e assentá-los como uma fiada, colocando os ferros e lançando o concreto em seu interior. Eles formam uma verga perfeita e funcionam muito bem, dispensando formas.

Atenção: tanto vergas como pilaretes menores (até três ferros) dispensam estribos. Para os maiores, se houver a possibilidade de manter os ferros um pouco afastados, é melhor. Se for necessário, use uma barrinha de ferro de 5 mm ou 6,3 mm e fixe os ferros nela, mantendo-os mais afastados para não formarem feixes. De qualquer forma, isso não é assim tão importante, mas apenas uma maneira de distribuir melhor os esforços, além de evitar vazios (bolhas) em seu interior. Essas bolhas propiciam a entrada de ar, que permite a oxidação (ferrugem) da ferragem.

3.1.16 Impermeabilização do respaldo

Vamos voltar um pouco para conversar sobre um aspecto bastante importante no que diz respeito à transição entre a fundação, a estrutura e a alvenaria. Normalmente, as alvenarias estão apoiadas na viga baldrame e/ou na sapata corrida. Mais acima estão os pisos – pode ser do andar térreo ou de algum subsolo, vai depender do projeto – e a alvenaria segue acima, mas, eventualmente, deixa um apoio para o piso.

Esse espaço entre a viga baldrame e o piso costuma ser nomeado como respaldo da construção (Fig. 3.10). Nem todas as obras o tem, mas esse espaço vertical deve receber um tratamento especial no que se refere à impermeabilização.

A não execução desse serviço pode, muitas vezes (talvez na maioria delas), propiciar a infiltração de umidade nas partes inferiores das paredes, que, uma vez pronta a obra, é de difícil e cara solução. O melhor é fazer um serviço de prevenção, que é simples, rápido e barato e previne o problema. O que fazer? Faça o descrito a seguir.

Aplique duas demãos de emulsão betuminosa sobre o topo da viga baldrame, da sapata corrida ou da viga sobre a qual se apoia a alvenaria. Certamente ela estará abaixo do nível do solo e a pintura deverá contemplar as laterais da viga em cerca de 15 cm de cada lado. A seguir, assente os tijolos, os blocos ou seja lá o que for a alvenaria com argamassa contendo aditivo impermeabilizante. Esse processo deve se repetir até duas fiadas acima do nível do solo (interno e externo, o mais elevado). Está pronta a impermeabilização. Caso haja muita umidade no solo, é conveniente fazer um revestimento da parede com o aditivo impermeabilizante até a última fiada impermeabilizada.

Após esse processo, deve-se seguir com o trabalho normalmente. Atenção para a ideia, que é formar uma barreira contínua que impeça a subida da umidade por

3 | A construção

capilaridade para a parede acima do piso. Para isso, não pode haver brechas e a faixa impermeabilizada deve ser contínua e fazer esse bloqueio. Se ocorrer uma brecha, a umidade atravessa. O ruim disso é que, se a umidade passar, as manchas vão aparecer na parede e você nem saberá onde ela "furou" a impermeabilização do respaldo! E aí fica muito difícil localizar esse furo. Vai dar trabalho e vai sair caro corrigir. Fora o incômodo!

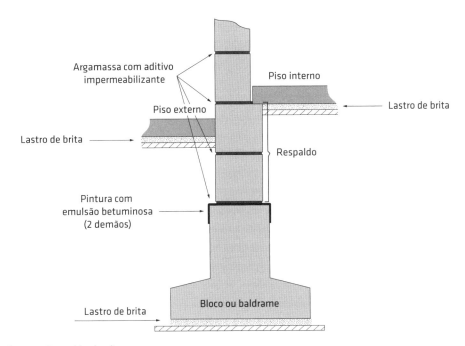

Fig. 3.10 *Respaldo de alicerce*

3.1.17 Vedações e impermeabilizações

Existem locais numa edificação que necessitam de uma impermeabilização que impeça a infiltração da água para o andar de baixo ou para um compartimento lateral. Esse é normalmente o caso de banheiros, cozinhas, lavanderias, terraços, floreiras e o que mais houver que trabalhe com água e umidade. As lajes são obviamente as suspeitas "número um" no quesito infiltração e, justamente por isso, devem merecer uma atenção especial. E essa atenção deve começar já no projeto, mas vamos pular essa questão, pois não faz parte de nosso escopo no momento. Vamos diretamente à concretagem e à cura.

Já falamos sobre isso antes e repetimos agora: é preciso aplicar um concreto com correção, no traço certo, adequadamente vibrado (como num bife: nem bem, nem malpassado, digo, vibrado – no ponto!). Na sequência (mesmo), após no máximo 5 horas do término da concretagem da laje, deve-se iniciar o processo de cura, molhando calmamente com uma mangueira toda a laje – pode molhar também as vigas e os pilares – até deixá-la encharcada. Eu falei calmamente porque não é para esguichar água furiosamente sobre ela, mas sim molhá-la como se fosse uma chuva de média intensidade (de novo – no ponto!). A seguir, lance areia – fina, média ou grossa – numa camada entre 3 cm e 5 cm e molhe de novo. Mantenha essa areia saturada por, no mínimo, 72 horas. Se puder, deixe-a assim por mais tempo ainda e a remova somente quando for absolutamente necessário. No entanto, enquanto ela estiver ali, mantenha-a úmida (não precisa mais ficar saturada). A areia fina, embora forneça finos que ajudam na impermeabilização, causa um "pequeno" problema: vira lama, uma pasta grudenta que adere aos calçados e se espalha pela obra toda. Além disso, fica difícil reaproveitá-la em outros lugares, de modo que terá que ser descartada.

Terminada a cura e removida a areia, vamos iniciar a impermeabilização. Como já disse, se essa cura foi bem-feita, a laje já está impermeabilizada, mas, por via das dúvidas e por segurança ("seguro morreu de velho", já diziam os antigos!), vamos aplicar duas demãos de uma emulsão betuminosa de boa qualidade, com intervalo de 24 horas entre uma e outra ou até que a primeira demão seque razoavelmente. Se for necessário, também pode ser aplicada uma manta betuminosa sobre a emulsão segundo o processo de seu fabricante, usando inclusive uma espécie de maçarico (lança-chamas) para unir as placas, vedando-as.

Faça cuidadosamente os ajustes dos pontos de escoamento e drenagem. Realizada essa operação, deve-se efetuar um teste de estanqueidade: feche todas as saídas de água (ralos, buzinotes etc.), encha a laje de água até 5 cm no ponto mais alto e aguarde 24 horas, sempre observando se está ocorrendo alguma infiltração. Nada havendo (ufa, que bom!), passamos à fase seguinte: a proteção mecânica, em que uma camada fina, de cerca de 4 cm, é aplicada sobre a *mancha negra* (camada de emulsão betuminosa + manta) para garantir sua segurança na aplicação do contrapiso.

Essa operação, embora não pareça, é muito delicada por um motivo bastante simples: é nela que ocorrem os acidentes que podem danificar a manta, rompendo, assim, a vedação. Isso porque, ao espalhar a argamassa sobre a mancha negra, os funcionários inadvertidamente danificam, com suas ferramentas metálicas (enxadas, colheres de pedreiro, desempenadeiras etc.), a manta e/ou a emulsão betuminosa! Mas eles nem percebem! Tocam o trabalho e dão por encerrada a tarefa.

3 | A construção

Isso é uma pena, pois, para trás, ficaram um ou mais furos na impermeabilização. E, se der vazamento ou mesmo mera infiltração, você perceberá que perdeu todo o serviço: não há como encontrar o ponto danificado depois que a proteção mecânica foi feita; a solução é arrancar toda a manta – ou apenas remover toda a proteção mecânica, se foi só pintura de emulsão – e começar de novo: repintar com emulsão, aplicar a manta (nova) e refazer a proteção mecânica.

Entendeu por que essa é uma operação delicada? Para evitar (ou minimizar) esse risco, adote uma providência simples: além de alertar firmemente os trabalhadores, não permita o emprego de instrumentos metálicos para espalhar e desempenar a argamassa de proteção mecânica. *Use apenas instrumentos de madeira ou plástico*. Em vez de enxada, utilize rastelo de madeira, desempenadeira de madeira e conchas de plástico (compre no mercadinho da esquina, é baratinho). Nada metálico, ou mesmo madeira ou plástico afiado, pode entrar na área de trabalho. Além disso, deve haver uma rigorosa fiscalização visual de sua parte ou de algum encarregado de confiança. Aí a coisa vai funcionar. A Fig. 3.11 mostra como deve ficar (medidas em mm).

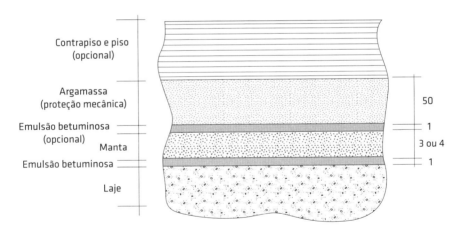

Fig. 3.11 *Modelo de impermeabilização de lajes e pisos*

Já vedar paredes é bem mais simples, pois a água, além de "preguiçosa", tem um costume bem mais objetivo: descer. E, como é preguiçosa, ela quer o caminho mais curto e mais fácil. Por exemplo, você tem uma parede externa com vários furos de pequeno diâmetro, vamos dizer 1 cm. Um dia, cai uma chuva cujo vento (forte) sopra justamente contra essa parede. Você vai notar que pouquíssima água penetra pelos furos. Se forem furos maiores, então, sim, vai molhar todo o chão daquele ambiente, mas furos menores, não! Por quê? A água é preguiçosa, ela prefere descer (escorrer) pela parede externa do que ter o trabalho de atravessar aquele furinho. Portanto, não acredite em infiltração de água de chuva através de parede lisa. Ainda mais sem furos ou mesmo furinhos! Conclusão: a água só se infiltra através de uma parede quando ocorre acumulação, mesmo que de umidade. Por isso, nas áreas aterradas, a umidade do solo se infiltra através das paredes. Já nos pontos acima do solo, ou seja, livres e expostos, não há possibilidade de infiltração se não existir acumulação.

3.1.18 Contrapisos e pisos

Podemos considerar duas situações para a execução de contrapisos: sobre solo ou sobre uma laje (ou pisos ou cimentado preexistentes). No caso de solo, é sempre bom tomar algumas providências preliminares, como compactar bem o solo, dando-lhe boas condições de suporte. Então, o procedimento adequado é o seguinte:

- Nivelar e compactar o solo, ajustando-o às condições requeridas. Atenção para sua umidade. Caso ele esteja muito encharcado, considere a possibilidade de trocá-lo ou então adicionar uma camada de pedras de tamanho adequado (entulho também vale, mas sem pó, senão vira lama).
- É sempre recomendável executar um lastro de brita ou concreto magro de pelo menos 5 cm. Em caso de muita umidade ou em pontos baixos, empregue somente brita e, se for o caso, aumente a espessura do lastro nesses pontos. Use preferencialmente brita 1. Compacte e nivele bem.
- Lance o contrapiso após galgar e executar as mestras. Galgar significa fazer galgas, que consiste em cravar piquetes de madeira de espaço a espaço num alinhamento determinado, para marcar a espessura do contrapiso (ver detalhes na terceira etapa do texto apresentado na seção 3.1.4). Por exemplo, você precisa de um contrapiso de 7 cm e tem um lastro de 5 cm. Então, você pega um piquete de pelo menos 20 cm e o crava, deixando seu topo 7 cm acima do lastro – ou no nível indicado no projeto, se for o caso. Se não houver um nível de projeto bem definido, e se o lastro for de brita, é bom nivelar os piquetes assim mesmo (com mangueira ou outro processo), porque brita não dá precisão nenhuma. Você também pode substituir o piquete por um tijolo deitado chumbado sobre o lastro, por exemplo. Agora vamos executar as mestras.
- A mestra é uma faixa executada com o mesmo concreto do contrapiso, entre dois piquetes, no sentido longitudinal (Fig. 3.12). Quando você cravou os piquetes, fê-lo em pelo menos dois alinhamentos no sentido do desenvolvimento planejado da concretagem. Agora você vai fazer uma faixa de piquete a piquete no sentido marcado, de modo a estendê-la do começo

3 | A construção

ao fim da concretagem. Execute a(s) outra(s) faixa(s) paralela(s) numa distância adequada à régua de desempeno de que você dispõe, mas não é conveniente que essa distância seja superior a 3 m. Essas faixas, as mestras, executadas com concreto igual ao do contrapiso, servirão de gabarito para o nivelamento desse contrapiso, pois serão o apoio para a régua no trabalho de desempeno do concreto lançado.

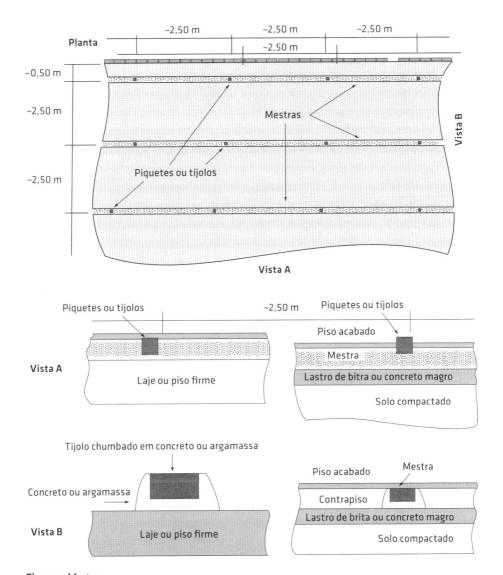

Fig. 3.12 *Mestras*

No caso do contrapiso sobre laje (ou sobre um piso já existente), comece pela galga: você não pode cravar um piquete ali, então use um tijolo ou uma pastilha de concreto, ou seja, faça um bloquinho de argamassa de, por exemplo, 10 × 5 × 5 cm e assente sobre massa, nivelando para que fique com 7 cm de altura. Pronto, você já tem as galgas. Daqui para a frente, execute as mestras e siga o roteiro do item anterior.

Uma observação importante: considere com atenção os caimentos previstos nos projetos e também aqueles não previstos, como ralos e canaletas de drenagem: eles devem ficar num nível inferior ao piso acabado, cerca de 1 cm a 1,5 cm, e o contrapiso é que deve fazer o caimento, pois com o piso acabado fica muito mais difícil, às vezes até impossível.

Seu contrapiso está pronto e sobre ele você executará seu piso, que pode ser qualquer um ou mesmo não ser nenhum – você pode fazer apenas um cimentado alisado (esse já está pronto), queimado ou dar outro acabamento, conforme sua necessidade. Apenas aguarde alguns dias para avaliar seu desempenho antes de executar o piso, principalmente se foi feito diretamente sobre solo. Se der algum problema, você poderá acertá-lo antes de executar o piso. Isso costuma sair bem mais barato!

3.1.19 Coberturas: estruturas, sistemas e telhas

A execução de coberturas e telhados costuma ser considerada um detalhe menor da obra e não recebe uma atenção maior. Mas, ao contrário disso, trata-se de um item muito importante da obra e que, se for malfeito, poderá ocasionar graves consequências no futuro. Em se tratando de telhados com estrutura de madeira e cobertura com telhas cerâmicas ou similares, então, nem se fala. Para começo de conversa, deverá ser feito um projeto da cobertura, e não apenas um esboço, um croquis, como na maioria das obras de menor porte. Esse projeto deverá ser com plantas, corte, e detalhamentos dos encaixes, apoios, calhas, rufos e o que mais se fizer necessário para sua perfeita compreensão. Deverá também ter um memorial descritivo e uma lista de materiais que orientem sua compra e a execução dos trabalhos. Outro ponto importante é a mão de obra, que deve ser especializada. Você está achando que vai sair caro? Não é bem assim, caro é ter que fazer de novo, perder material e prazo, explicar ao proprietário da obra que houve apenas um pequeno engano e por aí vai... Considere que telhados com estrutura de madeira, principalmente, são uma especialidade e devem ser executados com atenção e respeito.

Já com relação à cobertura com telhas de fibrocimento, o sistema é muito mais simples, mas não dispensa cuidados, como um projeto, um memorial e uma relação de materiais. Nesse caso, a mão de obra "caseira" pode ser aceita, desde que razoavelmente qualificada e orientada por alguém que entenda do assunto. Considere que, em certos casos, haverá a necessidade de um guincho, às vezes até de um guindaste,

3 | A construção

para içar e colocar telhas maiores nos devidos lugares, e isso exige qualificação da mão de obra, até para poder orientar o operador da(s) máquina(s). Não se esqueça de que a visão que esse operador tem é a "de baixo", e não a "de cima", que possui mais detalhes! Além disso, em grande parte das vezes, a comunicação entre o operador e o montador é por sinais, e essa língua de sinais não é tão fácil assim. Um sinal errado e pode...

Outro tipo é com telhas de concreto. Embora, de certa maneira, se pareça com fibrocimento, por se tratar de peças muito mais pesadas, os riscos são muito maiores, são necessários equipamentos mais complexos e a execução deve ser realizada integralmente por empresas com mão de obra especializada. Nessa hora, você olha, fotografa, analisa e... aprende! Quem sabe na próxima?

3.1.20 Normas técnicas da ABNT

A engenharia brasileira é objeto de uma série de normas técnicas controladas e emitidas pela Associação Brasileira de Norma Técnicas (ABNT), uma sociedade civil e particular, sem fins lucrativos, que tem como objetivo o estabelecimento de regras e normas técnicas para a execução de projetos, serviços e estudos técnicos de forma a aprimorar sua qualidade e segurança. O atendimento de suas posturas não é obrigatório por lei, mas é recomendado, pois, como a ABNT possui credibilidade junto aos poderes da República, caso aconteça alguma intercorrência com seu projeto ou serviço, sua defesa estará irremediavelmente prejudicada. Você vai gastar muito papel, tinta e saliva para provar que tinha razão e se contrapor aos inúmeros técnicos, engenheiros, cientistas e outros profissionais que elaboraram a norma a que você não atendeu. Não se nega que existem falhas nessas normas, mas, geralmente, são coisas superficiais, detalhes, e, caso você as encontre, não hesite em notificar a associação, indicando e detalhando minuciosamente o ponto falho daquela norma. Se você tiver razão, ela certamente será corrigida. Pontos falhos nas normas existem em todos os lugares, mesmo em países avançados, e, quando constatados, são alterados. Ou não! Considere que algumas normas atendem a exigências locais e, mesmo com restrições em outros lugares, não são alteradas. Então, não servem para outros lugares. Exemplo? A DIN (Alemanha) especifica que tubulações de incêndio, quando enterradas, devem estar a pelo menos 5 m de profundidade! A razão? Evitar congelamento no inverno! Evidentemente isso não vale para o Brasil. Pelo menos por enquanto, só se começar a nevar por aqui... Vai saber! Mas, por incrível que pareça, ao fazer uma obra numa grande indústria no polo petroquímico de Capuava (SP), ao realizar a escavação para a construção de um tanque, encontramos uma tubulação em aço-carbono, sem pintura, enterrada a uma grande profundidade, cerca de 6 m. Seria uma tubulação abandonada? Isso é muito comum nas indústrias, por incrível que pareça! Pesquisando, descobrimos

90   Guia da construção civil: do canteiro ao controle de qualidade

que era uma tubulação de água para abastecimento de hidrantes externos (sistema de combate a incêndios) e estava ativa e valendo. O tanque foi deslocado e a tubulação, construída obedecendo à DIN, foi preservada. Parece que ninguém lá teve curiosidade de saber a causa dessa especificação!

3.2 Etapa 2 – Instalações elétricas, hidráulicas, sinalização e outras

Não é nossa intenção aqui efetuar considerações sobre projetos de elétrica e outros, mas sim desenvolver uma sistemática de recepção e análise dos projetos recebidos de áreas que não fazem parte de nosso escopo de desenvolvimento, como é o caso daqueles que não são especificamente civis. Embora instalações hidráulicas sejam parte efetiva dos projetos civis, na hora de executá-las vamos necessitar, além de um projeto adequado, de uma mão de obra com qualificação específica e de materiais também específicos, e é justamente por isso que vamos analisá-los à parte. Normalmente as instalações elétricas, hidráulicas e de sinalização usam tubos, caixas e painéis que são embutidos em paredes, vigas e lajes, o que, de certa forma, causa interferências nas obras civis; portanto, necessitam de uma coordenação na obra, dado que são executadas, regra geral, por equipes diferentes. Isso dá causa a inúmeros conflitos que devem ser devidamente administrados para evitar falhas, danos ou mesmo sérios problemas entre as pessoas na obra.

Um dos maiores problemas, já no início da obra, é definir a posição das peças e dos acessórios dentro do projeto, principalmente os embutidos, para evitar problemas executivos posteriormente. Imagine-se que uma caixa metálica com 15 cm de profundidade deve ser embutida em uma parede de concreto com 20 cm de espessura. Ora, existe uma armação nessa parede, geralmente dupla, e uma terá que ser cortada para caber o painel. Isso pode? E se a parede for de 15 cm, como fica? Essas e outras questões devem ser definidas antes de concretar a parede, pois, eventualmente, será necessário o concurso de vários profissionais para equacionar e resolver o problema, tais como projetistas, calculistas, fornecedores, compradores e sei lá mais quem! Problemas desse tipo não podem ficar para serem resolvidos na última hora, sob pena de ficarem insolúveis e acabarem gerando uma "gambiarra" e/ou um "monstrengo" arquitetônico, entre outras possibilidades.

3.2.1 Distribuição dos acessórios e das tubulações

Então ficamos assim, vamos conferir e confrontar tudo o que deve ser embutido nas paredes (mesmo de alvenaria), lajes, vigas e pilares e o que mais tiver. Mesmo quando não sejam embutidas, essas peças podem eventualmente causar interferências nefastas, como a existência de uma porta ou uma janela no trajeto de uma tubulação. Pensa que não acontece? Pois acontece e muito, principalmente quando ocorreu alguma alte-

3 | A construção

ração no projeto. Outras coisas também podem levar a interferências, muitas vezes de difícil solução mesmo antes de serem executadas quaisquer obras, como *shafts* que, em seu caminho, encontram vigas (alguém comeu mosca aí!), concentração de ferragens em vigas ou lajes que dificultam ou até impedem sua passagem. Vazados em lajes (esqueceram-se das tubulações) também são muito comuns. Outro problema que acontece muito é o esquecimento ou a desconsideração de certos itens, com o consequente problema "a ser resolvido depois". Isso ocorre bastante, principalmente em obras industriais onde, por exemplo, é necessária a instalação de máquinas e equipamentos que necessitam de eletricidade, água ou óleo para refrigeração. Até aí tudo bem, só que se esqueceram do efluente com a coleta do líquido que extravasa. Tudo isso precisa ser observado e resolvido antes de serem executadas as principais intervenientes do problema, ou seja, as obras civis! Além das interferências e das omissões, devem ser observados também alguns outros itens importantes nesses projetos.

Projeto – definição dos materiais

A definição clara e objetiva dos materiais a serem empregados é um ponto importante nesses projetos, pois, além da questão dos custos, envolve também o tipo, o modelo, a origem, o fabricante etc.

Planejamento de trabalho – isométricos

Também crucial é extrair do projetista o que e como ele considerou a metodologia de trabalho, porque muitas vezes o que ele imaginou não encontra respaldo na realidade da obra. Chega-se, às vezes, a problemas de acesso do equipamento ao local onde será instalado. Um exemplo disso ocorreu numa obra em que o projeto previa cinco caixas-d'água de 15.000 L num espaço grande até, onde elas cabiam muito bem, só que as portas de acesso (eram quatro e sequenciais, duas delas em paredes de concreto) tinham metade da largura das caixas e dois terços da altura. O problema foi constatado quando a laje superior já estava pronta para ser concretada, e foi necessário desmontar a armação, as formas e o escoramento para que as caixas entrassem por cima, transportadas por um guindaste para 150 t, devido à altura. Além disso, foi alterada a estrutura, pois não havia mais espaço para o escoramento em razão da presença das caixas. Felizmente foi possível utilizar lajes pré-fabricadas em faixas que foram montadas, aproveitando a presença do tal guindaste. Deu tudo certo, mas custou caro! Se isso tivesse sido previsto antes, as caixas teriam sido colocadas lá antes de executar as paredes de concreto.

Planejamento é fundamental, inclusive para os prosaicos trabalhos de execução de tubulações, e, para isso, um desenho importante é o isométrico. Esse desenho, por si só, revela em grande parte o que o projetista está pensando a respeito da execução da tubulação, por onde ela vai passar, virar, subir, descer e por aí afora. Mas não pense que ele é a solução final, porque não o é: em minha carreira profissional, *nunca* recebi ou elaborei um isométrico 100% correto! Ele sempre tem algum erro ou falha, porém, mesmo assim, é de uma importância inestimável, uma vez que, como já disse, revela o que o projetista está pensando (ou imaginando) em termos de execução daquele trabalho. E isso é muito importante! Além disso, por ser uma perspectiva, esse desenho indica a tubulação em três dimensões, o que melhora muito a visão dos técnicos que executam o projeto na obra.

Lançamento dos tubos (eletrodutos, conduítes, utilidades, água, esgoto etc.)

Em se tratando do lançamento de tubos embutidos, quando já dispomos de todos os projetos revisados, do isométrico e da indicação dos *shafts*, das caixas de passagem, dos pontos de energia ou painéis (elétrica), das prumadas elétricas e hidráulicas, dos pontos de abastecimento (hidráulica – águas) e dos pontos de coleta e descarga (esgoto), o ideal é executar essa tubulação toda pelo caminho mais curto, ou seja, em linha reta de ponto a ponto, evitando dar voltas desnecessárias. Essas voltas, além de dificultar a visão do posicionamento aproximado da tubulação (importante para evitar danos após a concretagem, como furos por furadeira), consomem mais fios e cabos (elétrica), diminuem a pressão da linha (hidráulica) e propiciam entupimentos (esgoto). Os tubos devem ser fixados de espaço em espaço de modo a não se deslocarem ou se flexibilizarem verticalmente, criando catenárias. O espaçamento entre os suportes vai depender do tipo de tubo, de seu diâmetro e de sua finalidade (lembre-se de que tubos carregados, cheios de líquido, vergam mais que os vazios ou com menos carga). Geralmente esses espaçamentos são definidos pelos fabricantes dos tubos ou pelas normas. Leia os catálogos, informe-se!

3.2.2 Lançamento de tubulações no interior de estruturas: cuidados e precauções

Ao lançar tubulações que ficarão embutidas na estrutura, além da linha mais reta possível, são necessários alguns cuidados importantes:

- Os conduítes flexíveis devem ser fixados para evitar deslocamentos durante a concretagem (prender com um arame recozido, tomando cuidado para não enforcar ou romper o tubo).
- As extremidades (dentro das caixas ou dos painéis) devem ser vedadas com papel de cimento ou plástico, por exemplo, e presas para não serem puxadas para fora durante a concretagem.
- Os vibradores devem se aproximar o menos possível dessas tubulações e nunca devem encostar nelas, mesmo que sejam tubulações metálicas.

3 | A construção

O ideal é que mantenham distância mínima de 15 cm em qualquer direção, o que não prejudicará em nada a qualidade do concreto.

- Tubulações em vigas e pilares devem se localizar o mais próximo possível da zona neutra ou do centro da peça e ficar presas por arame ou ferro, longe dos estribos. No caso de pilares, conduítes flexíveis devem ter um ponto de fixação a cada 2 m no máximo. Melhor usar os metálicos, nesse caso.
- Caso haja a concentração de ferros que impeçam ou dificultem muito a passagem da tubulação, evite ao máximo deslocá-los para facilitar a passagem; procure outro caminho, só os deslocando por falta de outra solução. Aí, tente criar outra camada de ferros em vez de forçar a passagem entre eles.

3.2.3 Pontos de chegada e saída de tubulações: quadros, caixas, caixinhas e pontos de conexão (locação em três dimensões!)

Os pontos de saída e chegada das tubulações devem ser bem definidos em todas as dimensões e amarrados em pontos existentes e também bem definidos. É muito difícil e, às vezes, complicado fazer a correção de um ponto que ficou deslocado. Imagine que uma bacia sanitária está prestes a ser assentada, mas se descobre que o ponto de esgoto está muito próximo da parede e ela não caberá ali! Aquele porcelanato lindo e caro do banheiro vai ter que ser quebrado, e, apesar de ser uma peça só (na melhor das hipóteses), ao removê-la outras podem ser danificadas. Por isso, o modelo e a marca dos aparelhos e equipamentos a serem instalados devem ser bem definidos e depois não se deve trocá-los mais. Caso isso venha a ser necessário, porém, deve ser feita uma cuidadosa avaliação das consequências e implicações para que se possa realizar os ajustes em tempo hábil.

Um aspecto importante a ser observado é a altura dos pontos de saída das tubulações. Isso vale para todas as instalações, sejam elas elétricas, hidráulicas, de redes etc. Todas elas devem obedecer a um padrão comum a cada instalação.

Assim, as alturas das tomadas em relação ao piso devem ser as mesmas em toda a obra, divididas por categorias: tomadas baixas, médias e altas. O mesmo vale para as torneiras ou conexões hidráulicas e para as redes. Cada uma dessas instalações deve ter seu padrão particular em vez de todas obedecerem a um padrão único, o que não faz sentido. Da mesma forma, não faz sentido cada torneira, tomada, ligação ou conexão ter uma altura diferente em cada ambiente da construção. Há que padronizar, e, se o projeto não prevê isso, o projetista deve ser chamado para se explicar.

Na questão da eletricidade, devem ser observados alguns cuidados que a maioria dos projetistas já considera em seus projetos, mas que é bom verificar. Por exemplo, no caso das tomadas, cada ambiente de uso comum deve ter pelo menos

94 Guia da construção civil: do canteiro ao controle de qualidade

três tomadas, sendo uma próxima à porta, na mesma prumada do interruptor de luz, e as outras duas em parede(s) oposta(s); na cozinha devem ser, no mínimo, cinco tomadas, sendo duas sobre a pia, uma para a geladeira, uma para o fogão (todas com altura média) e a última (baixa) ao lado da porta de acesso para o corpo da casa, na mesma prumada do interruptor; na área de serviço o critério é o mesmo, podendo ser todas baixas, porém seu número dependerá do padrão da construção e da quantidade de aparelhos a serem ligados na rede elétrica (lava-roupa, secadora, ferro elétrico etc.). As tomadas altas são reservadas basicamente para ar-condicionado e ventiladores, mas também podem ser necessárias para outros usos, como monitores, aparelhos de televisão, reprodutores de imagem e conectores de sinal (DVD, roteadores etc.). Deve-se lembrar que, nesses casos, há a necessidade de rede para sinais (antenas, telefones, cabo de TV e quetais). As alturas dessas tomadas serão ditadas pelos projetos arquitetônicos, mas também devem ser observadas pela obra em nome do bom senso e da qualidade dos serviços.

Atenção: tomadas de piso devem ser localizadas de acordo com um *layout* ou então estar alinhadas, mas devem obedecer a um padrão. Confira essa questão no projeto e, na dúvida, consulte o projetista.

3.2.4 Elétrica – padrões e tamanhos: quadro de distribuição de luz/energia, caixas de passagem, caixas de pontos de luz, caixas de tomadas, caixas de interruptores etc.

Um aspecto importante é avaliar os tamanhos e os padrões dessas caixas para que se reserve um espaço adequado para cada uma delas. Os quadros de distribuição de luz/energia (QDL/E), por exemplo, devem comportar todos os circuitos em que é dividido o sistema elétrico da obra, e, então, seu tamanho e sua localização no espaço da obra são definidos no projeto. Atualmente há vários modelos de disjuntores e de sistema de proteção e controle elétrico, que, eventualmente, podem demandar mais espaço do que o próprio projetista estimou. Por isso, é importante verificar o tamanho da caixa e se o local escolhido para colocá-la está adequado. Geralmente o projetista já tem esse cuidado, mas sempre é bom dar uma checada.

Outra coisa importante é sobre as caixinhas para interruptores e tomadas. Basicamente são usados dois tamanhos: 2 × 4 (dois furos por quatro furos de conexão com conduítes) e 4 × 4 (quatro furos por quatro furos). Eventualmente podem ser empregadas outras medidas, embora o mais comum seja replicar com mais uma caixa interligada.

Os pontos de luz no teto, se este for uma laje, devem ter suas posições bem definidas e bem marcadas, pois certamente serão posicionados antes da concretagem da laje, e, se algo sair errado, a correção será complicada.

3 | A construção

Não vamos entrar aqui na questão das enfiações e ligações elétricas, uma vez que isso deverá ser executado por um profissional da área, mas há casos em que será necessário deixar um fio-guia passando pelo eletroduto para facilitar a enfiação posteriormente. São casos específicos causados basicamente pelo trajeto tortuoso do eletroduto, devido a interferências. Nesses casos, deve-se empregar arame galvanizado (nunca recozido) com boa flexibilidade e resistência, e geralmente o n° 18 (1/18 da polegada = 1,41 mm) atende a essa necessidade. Se for um eletroduto de grande bitola para a passagem de cabos de maior diâmetro, deve-se utilizar arame n° 16 ou n° 14. E lembre-se: nas extremidades devem ser deixados pelo menos 30 cm de folga (enrolado) para facilitar o trabalho do eletricista.

Nunca se esqueça de vedar com papel de cimento ou plástico, antes da concretagem, todas as extremidades de tubos abertos, tanto elétricos quanto hidráulicos. Aproveite a oportunidade e encha as caixas, caixonas e caixinhas com papel também, nem que seja de jornal!

É preciso ter atenção para a questão do poste de entrada e dos compartimentos onde serão instalados os medidores. Eles são normatizados e as concessionárias costumam ser muito rigorosas e detalhistas nesse aspecto: não estando tudo certinho, não efetuam a ligação, e estamos conversados. Na dúvida, confira na concessionária os detalhes dessas normas e especificações. Às vezes elas são diferentes de um lugar para o outro.

3.2.5 Hidráulica

As tubulações hidráulicas devem ser projetadas sempre em função dos serviços para os quais serão empregadas. A diversidade de tipos, modelos e materiais é muito grande atualmente, bem como os preços tanto de materiais como da mão de obra. Deve-se lembrar que falhas e defeitos construtivos nas instalações hidráulicas costumam ser de reparo caro e, às vezes, difícil. Nessas condições, a relação custo-benefício deve ser fortemente considerada, de forma a alcançar um resultado próximo do ótimo, pelo menos. Isso não é muito difícil, desde que o material tenha boa qualidade e a mão de obra seja competente e adequada, o que cabe à obra realizar: os materiais devem ser adquiridos de fabricantes e fornecedores idôneos após consulta ao mercado. Vale recordar que nem sempre preço alto significa qualidade, e preço baixo, porcaria. O melhor mesmo é o preço médio de um produto de origem conhecida e valorizado pelos especialistas. Isso vale tanto para água fria e quente como para esgoto e outros empregos.

Água fria – padrões: tubos, registros e válvulas, torneiras, chuveiros etc.

No caso dos *tubos*, os materiais mais adequados atualmente para obras domésticas comuns são o PVC e o cobre. Para obras comerciais – inclusive edifícios – e industriais, pode-se usar ainda os tubos de ferro galvanizado (ou aço-carbono), cada vez mais raros porque sua durabilidade é menor devido à incrustação, que diminui a vazão (e sua durabilidade). Aqui, não faremos referência a esse material, que é de uso muito específico atualmente. Vamos nos ater aos tubos plásticos – PVC ou outros da mesma família. Os tubos de PVC resistem de 75 mca (metros de coluna de água), no caso de tubos soldáveis comuns, a 240 mca para água fria, no caso de tubos térmicos. Nos tubos térmicos, a resistência cai para 60 mca para água quente a 80 °C. São raros os serviços, fora os industriais, que exigem resistências à pressão acima dessas, mesmo porque, a partir de 50 mca, o problema passa a ser as conexões, particularmente as torneiras e os registros comerciais comuns, que podem apresentar problemas de vedação e vazamentos. Para prédios acima de 13 andares, será necessária a colocação de uma válvula redutora de pressão. Mas tudo isso é um problema de projeto e não faz realmente parte do escopo deste trabalho; é mais informação para a execução dos serviços. Certamente o projetista vai especificar adequadamente o tipo e o material dos tubos e conexões a serem empregados em cada trabalho.

Quanto às *conexões*, as mais comuns (cotovelos, curvas, tês, luvas, flanges etc.), soldáveis ou roscáveis, também são em PVC ou mistas, que atualmente ocupam mais de 90% do mercado não industrial, vindo o cobre em segundo lugar. O problema do cobre é que, além de ser bem mais caro que o PVC, ainda exige mão de obra e tecnologia mais complexa para efetuar a soldagem das peças. Isso encarece bastante o processo, mas, nos casos onde há troca, excesso ou preservação de calor, ele é muito importante. Atualmente existem no mercado tubos e conexões hidráulicas com resistência térmica de até 80 °C, que substituem o cobre nesses casos. Mas lembre-se sempre: toda rede hidráulica merece um teste "antes de entrar em serviço"!

Em relação aos *registros* e às *válvulas*, quero fazer aqui um esclarecimento. Afinal, o que é um registro e o que é uma válvula? Qual a diferença? Simples assim: um registro é uma espécie de torneira – se aberto deixa passar o líquido, se fechado o líquido não passa. E só! São vários tipos e modelos, mas, no fim, o objetivo é apenas um: aberto passa, fechado não passa. Já uma válvula possui outras funções, que são muitas, mas vamos falar somente das mais corriqueiras e atinentes à construção civil: retenção e redução de pressão. A válvula de retenção tem como objetivo permitir a passagem do líquido apenas num sentido, evitando, assim, que o tubo fique vazio porque o líquido retornou. Assim, por exemplo, ao captar água num poço, num lago ou onde for, quando a bomba está acima do nível da água usa-se uma válvula apelidada de *válvula de pé*. Ela impede que, quando a bomba que recalca o líquido é desligada, a água que está na tubulação retorne ao poço ou ao lago, deixando o tubo vazio. Se o tubo estiver vazio quando a bomba for ligada de novo, ela não funcionará, e será necessário "escorvá-la" novamente. Além disso, gasta-se uma grande quantidade de

3 | A construção

energia e perde-se muito tempo para encher o tubo de recalque. Com a válvula, a água não retorna, o tubo permanece cheio de líquido e a bomba funciona. Já a válvula de redução de pressão, além de também fazer retenção, possui um dispositivo para diminuir a pressão da água devida à altura da queda e, ao mesmo tempo, evitar o retorno do líquido, no caso, água! Na verdade, a redução da pressão é muito importante, pois a maioria das torneiras e registros comerciais comuns funciona muito bem até a pressão de 9 mca; mais que isso, se a altura aumentar demais, a vedação não funciona, principalmente se não for tão boa. Claro que isso depende também da qualidade da torneira (uma boa torneira trabalha bem até 30 mca = dez andares), mas, de maneira geral, o padrão ideal é 9 mca, que corresponde a três andares.

No que se refere aos *registros* e às *torneiras*, cabe mencionar que esse é um terreno pantanoso, pois existem milhares de fabricantes de milhares de modelos e tipos, com diferentes objetivos e qualidades! E é aí que mora o perigo: a qualidade. É muito comum as construtoras fazerem economia substituindo alguns itens de primeira linha que constam no memorial de vendas de um imóvel pelo famoso *similar*, alguma(s) linha(s) abaixo... "Uma marca famosa (e de qualidade) ou similar". Pode ser uma fechadura, uma esquadria, um acessório qualquer; o nome famoso, de primeira linha, é usado para qualificar e valorizar a construção, mas, na hora da verdade, entra o similar, geralmente dois pontos abaixo do prometido em termos de qualidade – e, principalmente, de preço. Os *metais sanitários* também fazem parte dessa festa, existem marcas e "marcas", em que evidentemente a mais barata tem menos qualidade, às vezes *muito* menos. E aí a torneira deixa a água vazar, não aguenta nem os 9 mca da norma, aumentando o consumo (e a conta) de água! Você, ao construir, tem que tomar uma decisão: gasta um pouco mais e tem qualidade ou...

Esgotos – bitolas e padrões: conexões, caimentos e prumadas

A execução de um sistema de esgotamento de águas servidas depende, em princípio, de um projeto adequado e competente. Uma situação de conflito, má localização dos componentes e declividades inadequadas, entre outras pequenas "coisinhas", podem comprometer o funcionamento da rede, e isso costuma ficar muito caro para consertar, além de causar inúmeros transtornos, mesmo se a obra ainda não foi terminada. Imagine só se ela já foi "entregue"!

Por isso, revise cuidadosamente esse projeto, com muito mais atenção do que os de água fria/quente, que são mais fáceis de reparar, e não hesite em procurar o projetista em caso de dúvidas. Outro ponto a ser observado são as interferências, que podem ser a própria construção e que, às vezes, são de difícil solução. Como a vazão do esgoto depende da declividade, eventualmente você poderá encontrar uma parte da própria construção interferindo no encaminhamento do fluxo. Um exemplo disso é o tubo encontrar uma viga baldrame em seu caminho. A solução poderia ser passar por baixo da viga, uma vez que por cima seria impossível, dada a declividade da tubulação. Acontece que, hipoteticamente, a caixa de saída do esgoto (no mesmo nível do coletor público) tem sua entrada num nível superior ao da geratriz inferior da viga baldrame! Como fazer? Se você passar por baixo da viga, a tubulação chegará "afogada" na caixa de saída ou terá que "subir" para superar o problema. As duas situações são fortemente indesejáveis por propiciarem condições de entupimento dessa tubulação. Outras alternativas podem ser incluir um poço de recalque, fazer um furo na viga baldrame ou mudar a rede a montante para que a tubulação chegue por cima da viga, entre outras. Só uma coisa é certa: você terá que achar uma solução, sempre em conjunto com o projetista, para dar saída ao esgoto. Afogamento de tubulação ou declividade negativa não são solução, são problema. Daí a necessidade de constatar o problema *antes* de ele acontecer.

Outros aspectos também merecem atenção: volume de esgoto a ser gerado nos vários ramais, bitolas adequadas para esses volumes, conexões bem distribuídas para evitar conflitos, declividades condizentes, prumadas bem localizadas para evitar barulho em ambientes sociais etc. Deve estar tudo de acordo com as normas técnicas. Na verdade, são inúmeros os itens a serem conferidos na obra; embora a maior parte deles seja de responsabilidade do projetista, se ocorrer alguma falha vai acabar sobrando para você! Considere também que o projetista não conhece a obra pessoalmente e pode se enganar. Já você a conhece (ou deveria conhecê-la) a fundo e pode (e deve) alertá-lo, se possível antecipadamente, para certas situações particulares. Lembre-se sempre de um aviso que constava em todos os bondes antigamente: "Prevenir acidentes é dever de todos". Aqui, nesse caso, é prevenir inconvenientes e dores de cabeça também.

3.2.6 Ralos, grelhas e saídas de água servidas (importante)

Esse ponto é tão importante que deveria constar no projeto hidráulico: qual é o nível de um ralo em relação à cota de projeto do piso? Ninguém sabe, e quem determina isso, geralmente, é o encanador e o pedreiro que executam o serviço. E, também, geralmente eles nem se lembram desse nível e o põem na mesma cota do piso. Aí o caimento "vai para o brejo" e a água empoça no piso! Isso precisa ser considerado para peças que não têm dispositivo de regulagem, como ralos simples e canaletas, geralmente de plástico. Existem muitos casos onde o ralo está num nível superior ao do piso, "assistindo" de cima a água se acumulando embaixo! Veja bem, ajustar para baixo é muito mais difícil do que para cima: se o tubo estiver no nível do contrapiso, para rebaixá-lo para dar caimento adequado será necessário quebrar o referido contrapiso. Se, ao contrário, ele estiver muito abaixo,

3 | A construção

pode-se fazer um enchimento com argamassa e adesivo e chumbar o ralo ou a canaleta na cota adequada para um bom caimento.

3.2.7 Conexão e ligação de aparelhos eletrossanitários

Aqui, hidráulica e elétrica se misturam, e isso pode ser complicado ou não, dependendo dos profissionais de que você dispõe na obra. Atualmente a maioria dos eletricistas também faz a hidráulica, dada a simplificação que os tubos de PVC propiciaram. Além disso, diferentemente das tubulações metálicas, as de PVC (ou plásticas) são isolantes e não conduzem eletricidade. Isso é bom, pois não há o perigo de choques elétricos, e é mau, porque dificulta um pouco o aterramento. Já no caso de tubulações de cobre, além de serem ótimas condutoras de eletricidade, ainda exigem técnicas mais sofisticadas de soldagem e fixação. Nesse caso, será necessário o concurso de um encanador especializado e que disponha do ferramental adequado.

As ligações elétricas dos acessórios hidroelétricos, como chuveiros, torneiras, aquecedores, ares-condicionados (com drenos) etc., devem ser feitas com total observância das especificações técnicas do fornecedor e também das normas. Caso você constatar algum conflito, consulte o fornecedor do equipamento. Isso é importante, pois, se você não atender às especificações, perde a garantia do fabricante, e, se não obedecer às normas técnicas, perde a garantia jurídica de seu trabalho. Obrigatoriamente, há que se chegar a um acordo. Atualmente isso é muito difícil de ocorrer, já que os fabricantes estão plenamente cientes das normas; mais do que isso, eles próprios participaram da elaboração delas, até porque, além de partes interessadas, são os maiores especialistas nos produtos que fabricam.

Na verdade, isso se aplica a todos os aparelhos elétricos com ligação permanente de uma edificação, incluindo todos os tipos de chuveiros, torneiras elétricas, ares-condicionados, ventiladores de teto, exaustores etc.

3.2.8 Aterramento e neutro: qual a diferença?

Aterramento é um sistema que usa o solo para a descarga da energia (energia de fuga) que se acumula nas carcaças de aparelhos e evita a ocorrência de choques elétricos ao usuário, ao mesmo tempo que protege equipamentos eletrônicos de mau funcionamento e danos. Sua função básica é igualar a tensão externa do aparelho à da terra, de forma que a diferença entre elas seja zero. Na maioria das vezes, sua ausência não impede o funcionamento de equipamentos elétricos, mas dá ao usuário menos segurança contra choques elétricos. No caso de equipamentos eletrônicos, mormente de comunicação, o aterramento garante no mínimo um funcionamento de melhor qualidade. Considere que executar um aterramento, mesmo em casos provisórios, como num canteiro de obras, é sempre recomendável e vale cada centavo gasto, pela proteção que oferece aos equipamentos da obra.

Neutro, de maneira simplista, é um aterramento oficial, ou seja, é aquele fio que não tem energia mensurável e fecha os circuitos através das ligações de equipamentos ou acessórios (lâmpadas, aquecedores, motores etc.). A diferença é que o neutro participa ativamente do processo (fecha os circuitos), enquanto o aterramento é mais passivo (descarrega cargas estranhas aos circuitos), embora circunstancialmente também possa funcionar como neutro. Funciona mais ou menos assim:

- As concessionárias de energia, como Light e Enel, fornecem energia de formas diferentes, conforme o local. Assim, na maioria das cidades grandes, a energia é fornecida através de três fios (duas fases e um neutro); nas cidades menores, são apenas dois fios (uma fase e um neutro); já em propriedades rurais mais afastadas, é somente um fio (fase). Nesse último caso, o usuário precisará fazer um aterramento, que funcionará também como neutro. Estamos falando de fornecimento doméstico ou comercial de pequeno porte. Nas propriedades maiores e comerciais de médio porte, são três fios (duas fases e um neutro). Já para fornecimento industrial ou comercial de maior porte, utiliza-se o sistema trifásico (três fases e um neutro), mas aí é outra história, e você deverá procurar um engenheiro eletricista, mesmo porque isso será exigido pelas concessionárias.

- As tensões de fornecimento podem ser de cerca de 110 V ou 220 V, que correspondem à diferença de potencial entre uma fase e o neutro. Desse modo, no caso de 110 V, isso significa a diferença de potencial entre cada uma das fases e o neutro. Já entre as duas fases, a tensão será de ~1,73 ($\sqrt{3}$) vez acima, ou seja, aproximadamente 220 V. No caso de fornecimento na tensão de 220 V (entre uma das fases e o neutro), entre as fases será de cerca de 380 V. No caso de uma fase e o neutro, ou de somente uma fase, o valor será a tensão dessa fase dividida por 1,73, ou seja, aproximadamente os valores já indicados.

3.2.9 Outros serviços e profissionais

Atualmente, uma série de serviços adicionais de instalação passou a ser fundamental, tanto para residências como para comércios e indústrias. Esses serviços são tão importantes quanto a própria eletricidade e a água/esgoto. Quase todos eles são movidos à energia elétrica, exceto aqueles que se destinam a produzir eletricidade. Porém, geralmente são bastante específicos e especializados, demandando profissionais especialistas naquele tipo de equipamento e serviço, mesmo porque

3 | A construção

os equipamentos são fornecidos por empresas especializadas que já fazem a instalação e fornecem a garantia. Então, não há muito o que falar a não ser recomendar que esse tipo de fornecimento seja incluído no projeto geral da obra, de modo a ser compatibilizado e viabilizado no empreendimento. Seria muito desagradável, ao tentar instalar algum equipamento específico, descobrir que várias modificações teriam que ser feitas na obra, as quais poderiam até comprometer sua viabilidade. É preciso estudar antes, ou seja, na fase de projeto.

3.3 Etapa 3 – Revestimentos e acabamentos

É nessa fase da obra que "a porca torce o rabo". Até aqui, você gastou cerca de 35% do custo estimado da obra (fora a enfiação elétrica!) e tudo foi relativamente rápido; dá até para imaginar que você vai derrubar o cronograma e terminar antes do previsto. Mas não mesmo, pois essa fase que vem agora vai consumir, com folga, todo o custo e o tempo previsto inicialmente. Isso porque os problemas e os custos dessa fase costumam superar, às vezes em muito, as previsões, não só as mais otimistas em valores e prazos medianos como também as mais realistas. Um dos fatores que mais atrapalham nessa fase é o clima: chuva e acabamento não combinam muito bem, mesmo no caso de acabamentos internos, pois há atrasos provocados por entregas, fabricação de peças, falta de pessoal ou de insumos e por aí vai. Mas quem tem que encarar essa barra somos nós, até porque, finalizada essa fase, a obra estará pronta para ser entregue, ou quase; será então a hora de partir para o abraço e para as despedidas da equipe, que trabalhou junta durante tanto tempo. Mas vamos em frente, pois não podemos perder tempo, já que tempo é dinheiro. Vamos lá!

Terminada a alvenaria, é hora de começar o revestimento, e, para isso, precisamos ter bem definidos todos os acabamentos que serão aplicados nos diferentes compartimentos da obra. Isso é muito importante e parece até óbvio! Mas não é assim na realidade. Muitos proprietários, engenheiros e arquitetos ainda estão cheios de dúvidas e, às vezes, demoram muito para definir certos detalhes que podem parecer insignificantes, mas que têm relevância em termos de prazo de execução e prosseguimento do serviço. Ao longo deste trabalho, vamos nos deparar com alguns exemplos desses nós e que passam desapercebidos por quem não possui uma vivência significativa de obras, mesmo que sejam engenheiros.

Outra coisa: nos próximos itens, abordaremos alguns serviços específicos, porém de grande importância para a qualidade da obra. De alguns, mais simples e óbvios, vamos falar superficialmente, mas, de outros, vamos entrar em detalhes executivos, dado o significado deste trabalho. Nesses casos, vamos "ensiná-lo" a

Guia da construção civil: do canteiro ao controle de qualidade

fazer o serviço, embora a gente saiba que quem vai executá-lo será um profissional da área (pedreiro, azulejista etc.). No entanto, para que você possa acompanhar e fiscalizar o serviço, vamos imaginar que o executor será você mesmo.

3.3.1 Chapisco, emboço e reboco: agora é você que vai aprender a fazer!

O *chapisco* é uma mistura de cimento e areia, geralmente média ou grossa, nunca fina, que é aplicada a lanço sobre as paredes e as superfícies a serem revestidas. *Lanço* significa lançar a massa de chapisco na face da parede, com o auxílio da colher de pedreiro, de forma a criar uma superfície rugosa que dê aderência à massa do emboço que virá a seguir. Nem sempre o chapisco é necessário, como numa parede feita com blocos de concreto, já que esse tipo de alvenaria, mesmo com o emprego de blocos à vista (um desperdício), costuma dar boa aderência ao emboço. Há casos, porém, em que a superfície a ser revestida é muito lisa e propicia pouca aderência ao chapisco, como vigas ou paredes de concreto executadas com formas de compensado plastificado ou mesmo resinado de primeiro uso. Nesses casos, ou onde a parede tem muitas ondulações que se quer eliminar (ver a seguir), é conveniente utilizar aditivo ou comprar massa pronta, que já vem com aditivo. Atenção: usando aditivo, o cimento deve ser Portland, nunca de alto-forno!

O traço mais comum, em volume, para argamassa de chapisco é 1:3 sem aditivo. Com aditivo, o traço é de 1:2, misturado com água de amassamento com aditivo na proporção 1:1. Atenção para a relação de água e cimento: nesse caso, ela não é tão importante pela resistência, mas sim pela capacidade de "ficar" na parede ou no teto; ou seja, ela não pode escorrer. Então, será uma massa meio seca que o pedreiro que fará a aplicação ou o lanço poderá molhar de vez em quando, à medida que for necessário, de acordo com a aderência na superfície chapiscada. Quando a argamassa está "no ponto", não adere à colher do pedreiro. Caso isso esteja ocorrendo, faça uma massada seca e a misture com aquela melada. Acrescente a água depois (ou não), até ficar no ponto. As superfícies a serem chapiscadas devem ser abundantemente molhadas previamente para que não absorvam a água de amassamento da argamassa do chapisco. Observe que a espessura da camada de chapisco não pode ultrapassar 5 mm e que as irregularidades da parede devem, quando possível, ser tiradas no emboço, nunca no chapisco.

A areia fina só deve entrar na obra para decoração, pois não serve para nada em termos de concreto (fica pegajosa e gruda na pá e nas ferramentas!), revestimento (além de grudenta, é difícil de ser lançada e de grudar onde deve; só gruda onde não deve) e por aí vai, sem contar o aspecto de resistência, que eu nem sei como fica! Por isso, duvide quando alguém falar que foi usada areia de praia, que é predominante-

3 | A construção

mente fina, numa construção. Só acredite se for praia de rio. Os insumos mais caros da areia são a escavação, a lavagem e o transporte. No caso da areia de praia, a escavação é muito mais trabalhosa (e proibida!) e a lavagem é impossível (não sobra nada dela), enquanto o frete é igual ao das outras areias. Na obra, vira aquela coisa grudenta que só aumenta o trabalho. Em resumo, não compensa nem financeiramente. Mesmo o mais picareta dos construtores não quer ver areia fina perto de sua obra. Mas espere um pouco! Eu até já falei disso lá atrás: ela serve para a cura de lajes concretadas, porém, dado que depois tem que ser descartada (não serve para mais nada, eventualmente só para enfeitar jardins e com restrições), a maioria dos construtores a evita.

O *emboço* já é mais sofisticado. Seu traço é mais complexo e sua aplicação, mais cuidadosa. Seu traço pode sofrer uma variação para revestimentos externos e internos. Assim:

- *externo*: traço em volume 1:1:4 de cimento, cal em pasta e areia média ou grossa;
- *interno*: traço em volume 1:1:6 de cimento, cal em pasta e areia média ou grossa.

A areia média ou grossa deve ser de rio, lavada, e não deve ser salitrada (conter sais ou componentes de sódio); caso contrário, a parede poderá ficar manchada e depois, para reparar, só removendo e fazendo tudo de novo, inclusive o chapisco. O emboço só deve ser aplicado após a completa cura (secagem) do chapisco, o que costuma demorar cerca de três dias. Essa aplicação deve ser iniciada com a execução das mestras nas superfícies a serem revestidas. Esse trabalho é em tudo semelhante ao apresentado para a execução de contrapisos, relatado algumas páginas atrás. Só que, em vez de piquetes, tijolos ou peças de concreto, são usados tacos de madeira (compensados com $5 \times 5 \times 1$ cm), que, por serem mais leves, não terão tendência a cair durante a execução. Esses tacos devem ser empregados para galgar as mestras verticais, espaçadas em cerca de 2 m do prumo, e para dar o alinhamento correto da parede, eliminando, assim, eventuais defeitos, ondulações e irregularidades da alvenaria e do concreto. Após a execução das mestras, os tacos de madeira devem ser removidos. A aplicação do emboço deve ser realizada devagar e começar pelo teto. A preparação da argamassa deve ser feita preferencialmente numa betoneira, que lhe confere melhor qualidade: inicialmente, misture a areia com a cal e parte da água; por último, acrescente o cimento e acerte o ponto de plasticidade adequada com o restante da água. A argamassa está pronta, mas você terá no máximo 2,5 horas para aplicá-la, após o que ela estará vencida e não poderá ser mais empregada, sob o risco de não ter aderência suficiente e começar a cair.

Lembre-se de que a superfície do chapisco deve ser umedecida antes da aplicação do emboço. O resultado deve ser uma superfície áspera para dar melhores condições de aderência ao reboco ou a outros revestimentos que eventualmente forem aplicados (azulejos, cerâmicas, fórmica etc.). Um lembrete ainda: evite espessuras de emboço superiores a 2 cm, a menos que sejam pequenos pontos em áreas localizadas. Uma espessura maior cria uma tendência de o emboço descolar e cair ou, pior, descolar, mas não cair, ficando oco por trás. Porém, com o tempo acaba caindo, arrastando consigo o reboco, o azulejo e o que mais estiver sobre ele. No entanto, caso a utilização de emboço com espessuras elevadas seja absolutamente necessária, em emergência, execute-o em duas camadas com, pelo menos, 36 horas de diferença entre elas. Ainda assim, é uma ação arriscada, portanto capriche na execução da alvenaria para evitar esse problema.

Contudo, existe outra alternativa para o emboço, que é o emprego de argamassa industrializada, pronta para uso, elaborada com cimento Portland, areia, calcário e alguns aditivos, que variam conforme o fabricante. A grande vantagem é que o emboço e o reboco são substituídos por uma camada única, menos espessa, normalmente de 1,5 cm a 2,5 cm. O fornecimento em geral é em sacos de 40 kg, mas pode ser feito a granel (em silos), desde que em quantidades maiores. Para espessuras superiores a 2,5 cm, execute o serviço em duas camadas de, no mínimo, 1,5 cm cada. Selecione cuidadosamente o fornecedor do produto, entre os inúmeros existentes no mercado, e faça alguns testes para comprovar a qualidade. Siga rigorosamente as instruções de aplicação do fabricante escolhido, pois é o único jeito de você conseguir uma reparação no caso de algo dar errado.

O *reboco* é a penúltima parte do acabamento superficial de paredes e tetos no caso desse tipo de revestimento. Depois dele virá somente o emassamento (se houver) e a pintura, que são quase uma só operação. Se a opção for por outro tipo de revestimento (azulejo, cerâmica, laminados – fórmica – e quetais), não há a necessidade de reboco, pois, se o emboço estiver bem feito, o revestimento poderá ser aplicado diretamente sobre o próprio. No caso do reboco, é melhor empregar uma argamassa industrializada, que costuma dar resultados muito melhores do que uma "produção local". Nessas condições, sempre siga rigorosamente as instruções do fabricante inscritas na embalagem (é sua garantia!?) e não aplique camadas com espessura maior que 5 mm. Molhe bem a superfície do emboço antes da aplicação. O ideal é que ele esteja já com cinco dias de cura na ocasião da aplicação do reboco. Essa aplicação deve ser feita com desempenadeira de madeira e depois, ainda úmida, feltrada com espuma de *nylon* ou borracha. Alguma imperfeição poderá ser reparada nessa oportunidade, pois, depois que secar, certamente haverá marcas na superfície. Caso essa superfície vá receber massa e pintura, isso não terá consequências, mas, se for só pintura, esse reparo poderá ficar visível, se não for muito bem feito.

Temos aqui um exemplo de como pode aparecer um "nó" na obra, ou seja, um ponto de indecisão que pode causar atrasos, às vezes no próprio cronograma.

3 | A construção

A decisão sobre o tipo de revestimento de alguns ambientes foi protelada muitas vezes e você chegou até aqui, mas o proprietário ainda não decidiu se quer pintura, azulejo, laminado ou sei lá o que mais. Era azulejo, depois a mulher dele pensou em cerâmica rústica, aí um tio recomendou laminado e um arquiteto sugeriu chapiscado grosso com pintura texturizada! Ou seja, eles ainda não sabem qual será o revestimento, pois as opiniões variam! E aí, como fazer? Parar a obra e esperar? Desviar o trabalho para outras frentes? Suponhamos que você ainda não tenha aplicado o reboco e que algumas opções necessitem dele, outras não – o que fazer? Esse é um tipo de problema que afeta em cheio o cronograma! Outro problema (nó) comum é a falta do material escolhido pelo proprietário, sem previsão de entrega. O cronograma foi para o espaço...

3.3.2 Azulejos, revestimentos cerâmicos (paredes e pisos) e outros

Atualmente, a variedade de materiais de revestimento é muito grande e vai desde o velho e tradicional azulejo até tecidos e materiais plásticos, passando por cerâmicas, ladrilhos, pedras, madeiras, laminados etc. Há também as tintas especiais, que formam uma película que reveste toda a superfície, como tintas a óleo, esmaltes, epóxi etc. A grande maioria deles não requer o reboco, sendo fixados diretamente no emboço por meio de argamassas comuns, argamassas especiais, colas e outros adesivos, mas as pinturas, de maneira geral, precisam que a superfície seja preparada com reboco e massa corrida. Apesar disso, o azulejo ainda é o preferido pela maioria das pessoas físicas ou jurídicas, para as quais ele é mais resistente e duradouro, além de mais versátil, pela possibilidade de ter várias cores e decorações, muitas delas exclusivas. É uma opinião mais fundada na tradição do que na razão, porém, como quem manda na obra é o proprietário, vamos falar um pouco de azulejos e, por extensão, de cerâmicas e ladrilhos também, que, regra geral, obedecem à mesma cartilha.

Azulejos, cerâmicas, ladrilhos, porcelanatos e quetais

O azulejo é uma peça de cerâmica de pouca espessura, geralmente quadrada, em que uma das faces é vidrada como resultado da cozedura de um revestimento geralmente denominado esmalte, que se torna impermeável e brilhante. Essa face pode ser monocromática ou policromática, lisa ou em relevo. O azulejo teria ganhado esse nome por ser decorado sobretudo na cor azul em Portugal. Todavia, há controvérsias – alguns dizem que o nome vem da palavra árabe *azzelij*, que significa pequena pedra polida.

Polêmicas à parte, vamos ao que interessa. Antes, no entanto, um pouco de História: o azulejo existe desde a mais remota Antiguidade, sendo que os egípcios já o empregavam em seus templos e palácios. Ainda nos tempos antigos, espalhou-se por

África, Europa e Ásia, onde viria a se perpetuar em várias obras de grande valor histórico e arquitetônico. Na Europa, o azulejo foi levado pelos árabes durante sua ocupação da Península Ibérica, mas foi em Portugal, para onde se expandiu em meados do século XV, que ele atingiu seu verdadeiro estado de arte, marcando presença ao longo de todo o país em grandes e pequenas obras – igrejas, conventos e mosteiros, prédios e obras públicas, palácios e até prédios particulares.

Em nenhum outro país da Europa sua expansão foi tão grande, e, a partir daí, alcançar as colônias portuguesas foi um pulo; foi assim que o azulejo chegou ao Brasil. E já chegou vencendo: inúmeras igrejas e obras religiosas, assim como obras públicas, passaram a empregá-lo. Devido ao preço – pois, até o final do século XIX, ele era quase todo importado de Portugal –, demorou ainda algum tempo até que alcançasse as edificações particulares e mesmo públicas de menor importância. A maioria dos azulejos importados eram decorados, o que os encarecia ainda mais. Além disso, a mão de obra não era muito especializada (ainda não é muito...) e ocorria muita perda de material, uma vez que ele era realmente muito mais frágil do que hoje, embora a espessura dos atuais azulejos seja menor que a de antigamente. Era um problema de queima: as temperaturas que os fornos portugueses (a lenha ou a óleo) atingiam eram, na maioria das vezes, mais baixas do que a recomendada. Não que eles não tivessem condições, pois os azulejos destinados às igrejas e aos palácios eram de grande qualidade e tinham sido queimados na temperatura absolutamente correta, mas... Sabe como é, para o mercado geral, particularmente o das colônias, Brasil incluso, vinha um produto mais barato e, claro, de menor qualidade.

Com o tempo, ainda no século XIX, a maioria dos azulejos importados e dos que começaram a ser fabricados aqui passaram a ser brancos, deixando de ser decorados. Apesar disso, continuavam caros e eram empregados apenas pelas famílias de mais posse, classe média alta para cima. Somente os prédios especiais continuavam a empregar azulejos decorados. Em todo caso, isso explica, de certa forma, o gosto dos brasileiros pelo azulejo; é atávico, vem das calendas e da memória familiar das pessoas. Como era um símbolo de *status*, todo mundo que podia queria azulejo, e, assim, ele foi se popularizando, o que aumentou a produção nacional e baixou significativamente os preços.

Agora, "voltando à vaca fria", vamos falar de assentamento de azulejos, o que inclui todos os materiais cerâmicos e cimentícios (ladrilhos, por exemplo) empregados em revestimentos de todos os tipos (pisos, paredes, tetos, escadas etc.). A primeira recomendação é deixá-los de molho antes de assentá-los, mergulhados em água para que a absorvam. O objetivo é que eles não absorvam a água de amassamento da argamassa ou do cimento-cola. O tempo de molho pode variar conforme o tipo de peça, a origem e a qualidade, mas não deve ser inferior a quatro

3 | A construção

ou cinco horas. O ideal é deixá-los de molho de um dia para o outro. No caso do cimento-cola, esse problema é menor, mas não é eliminado; assim, por uma questão de segurança, "molho neles". Mas qual é o melhor, argamassa caseira ou cimento-cola?

Argamassa ou cimento-cola?

Sob os aspectos de qualidade, segurança e rapidez, o cimento-cola de boa procedência ganha com tranquilidade: ele já vem pronto, a retração é mínima e é só adicionar a água na proporção indicada na embalagem, misturar bem (melhor mecanicamente) e aplicar o produto sobre o substrato com a espátula ou a desempenadeira recomendada, colocando a peça sobre ele e acertando sua posição e seu nível de maneira adequada. Pronto, está feito! Já a argamassa doméstica precisa ser feita de acordo com as regras, e isso consome tempo e mão de obra, o que pode torná-la mais cara do que o cimento-cola. De qualquer maneira, se for sua opção, aqui vão duas sugestões de traço (existem outros por aí):

Cimento : cal hidratada : areia úmida (não é saturada!)

Traço 1 = 2:1:5

Traço 2 = 1:1:7

Faça alguns testes para ver qual é melhor para você!

Padrões de assentamento (referências, correções prévias, níveis em três dimensões, aprumos e desenvolvimentos)

O assentamento de azulejos e conexos é uma operação simples e complicada ao mesmo tempo: simples porque é só aplicar a argamassa ou o cimento-cola na parede ou no piso, posicionar a peça sobre o produto e comprimi-la até que ela se iguale às outras já assentadas. Fácil, né? Só que vai ficar horrível, uma porcaria! E isso porque faltaram alguns detalhes, e o diabo mora neles! Vamos começar de novo: a técnica de assentar com argamassa é diferente da de assentar com cimento-cola. Vamos lá:

- Molhe bem o substrato (parede ou superfície onde você vai assentar).
- Aplique a argamassa sobre o verso da peça. A quantidade exata você terá que descobrir, mas a espessura da argamassa depois de assentada não deve superar 15 mm. Para assentamentos em paredes, a peça deve ter a borda inferior encostada na parede, e depois a borda superior deve ser levantada até que ela fique na vertical, com a massa encostada no emboço. Acerte a posição e o nível da peça comprimindo-a para nivelar e alinhar. Se necessário, dê pequenas batidas no azulejo com o cabo da colher de pedreiro.

A argamassa em excesso deve ser removida imediatamente com a colher e depois empregando-se um pano ou uma estopa úmidos.

- Caso você use cimento-cola, prepare-o conforme as instruções nas embalagens do produto. É interessante deixá-lo "descansar" durante uns 10 ou 15 minutos e depois dar uma mexida nele de novo. Espalhe uma camada de cerca de 3 mm a 4 mm com a espátula e/ou a desempenadeira dentada no emboço ou no contrapiso (substrato) molhado, numa área máxima onde as peças sejam aplicadas dentro de no máximo 20 minutos (que tal 1 m²?). Lembre-se de que a durabilidade de cada massada é de no máximo duas horas e já não se pode, em hipótese alguma, acrescentar mais água.

- O azulejo (ou cerâmica ou o que for ser assentado) já deve estar molhado, pois ficou de molho, mas não deve estar encharcado, pingando. Assim, após o molho, deixe-o "descansando" fora da água durante uma meia hora, então o coloque com cuidado sobre o ponto de aplicação e comprima-o até se aproximar do nível com que deve ficar. Aí, por meio de batidas leves com o cabo da colher de pedreiro, acerte a posição correta. Ajuste, então, o espaçamento dos outros azulejos e o alinhamento (estou reiterando!).

- Até aqui tudo bem, mas faltou alguma coisa: qual é a posição correta e qual é o alinhamento a ser seguido? Vamos ver aqui:
  - *Na parede (na vertical):* a partir do emboço, meça 5 mm (argamassa) ou 3 mm (cimento-cola) mais a espessura da peça. Temos aí um padrão de nível vertical. *Se preferir, faça alguns testes.* Depois assente alguns cacos da peça nessa medida, se possível fora da área de trabalho, e estique linhas entre eles como se fossem mestras: temos aí o nível. Se não for possível fora, escolha pontos nas extremidades da área de trabalho, falhando a colocação das peças ali. No final você remove o caco e assenta a peça faltante. O alinhamento horizontal é dado pelo início do assentamento, que deve ser na parte inferior, acima do piso e do rodapé (que deve ser executado posteriormente, se tiver). Se o contrapiso já tiver sido feito antes, facilita essa operação. Caso não tenha sido feito, use o nível indicado pelo projeto, assente tijolos ou cacos de cerâmica marcando o nível do contrapiso (duas ou mais marcações) a ser feito e transfira esse nível para a(s) parede(s) a ser(em) revestida(s). Procure marcar o nível do contrapiso, e não o do piso acabado. Geralmente, no projeto, é indicado o nível do piso acabado, então desconte a espessura dele e use a referência do contrapiso. Esse é o nível de início do revestimento vertical. Mas desconte a primeira fiada e comece o assentamento da segunda. Quando terminar a parede, execute o piso até o fim. Aí, quando o piso estiver feito, assente

3 | A construção

a "primeira fiada" e tire qualquer diferença no rodapé. Ou então, se não tiver rodapé, ajuste no corte da peça ou no rejunte. Use uma tábua, guia ou régua para ajudar a suportar a primeira (segunda!) fiada. Quanto ao alinhamento vertical, ele será dado pela parede ou face onde se iniciará o assentamento. Essa parede ou face deve ser a mais visível das paredes, ou seja, aquela que, quando as pessoas entram no ambiente, enxergam em primeiro lugar. Assim, considere sempre iniciar o assentamento a partir da parede oposta à porta de entrada (principal se houver outras entradas), preferencialmente do canto do lado esquerdo. Assim, as peças assentadas ali serão inteiras e estarão visíveis dessa forma, as meias peças cortadas ficarão, possivelmente, na parede do lado direito, onde, a seu critério, terão continuidade ou se reiniciarão com peças inteiras. No canto onde foi iniciado o assentamento da parede frontal, inicie o assentamento da parede lateral esquerda com peças inteiras. Procure fazer os ajustes finais, se for o caso, na parede onde se localiza a entrada, os quais só serão vistos na saída. Mas aí já foi, na saída ninguém repara! Um detalhe: existem no mercado espaçadores plásticos e modelos de várias espessuras. Use esses espaçadores, pois isso dará um padrão e você terá mais facilidade para manter o nível e o prumo dos azulejos.

- *No piso (na horizontal):* o nível será dado pelo projeto. Então, se ficar com uma diferença superior a 5 mm mais a espessura da peça, terá que ser feito um enchimento com argamassa simples. Nesse caso, espere pelo menos 48 horas para recomeçar o assentamento. No caso de diferença a mais, houve algum erro anterior, desculpe, mas descascar contrapiso é coisa que ninguém merece: se a diferença for pequena, verifique a implicação de ser deixada assim mesmo e "alterar" o projeto. Agora, se for grande... "sei não"! Cada caso é um caso... Já o alinhamento será dado pelas paredes ou faces onde se iniciará o assentamento das peças. Ao contrário das paredes, o início do assentamento em pisos deve começar justamente pela porta e sofrer o arremate preferencialmente embaixo de alguma pia ou atrás de bacias, móveis ou o que houver. Isso porque as pessoas observam o piso quando entram no ambiente, e não quando já estão lá dentro ou quando saem! Um detalhe: lembre-se de deixar uma passagem para sair do ambiente quando terminar o serviço, senão você ficará preso ou sairá pisando em peças recém-assentadas. Uma solução é você começar pela parede da entrada no lado esquerdo, fazendo uma faixa que se abre até alcançar a parede oposta, e então voltar pelo lado direito até terminar na parede da entrada, justamente na porta. Faça um planejamento para executar o assentamento, principalmente para ambientes com muitos recortes e paredes curvas.

- *Observação 1*: a linha que determina o nível também pode determinar o alinhamento para evitar *derivação*, ou seja, ao longo do trabalho as peças assentadas sofrem pequeninas diferenças e, de repente, quando se olha para trás, formou-se uma linda curva (ondulada?!) – pequena, é verdade, mas uma curva. Toca arrancar e refazer o trecho. Em tempo, essa linha pode ser substituída por uma régua de alumínio. E não se esqueça dos espaçadores de piso, que você pode comprar em qualquer lojinha! São baratos!
- *Observação 2*: tem um aspecto nessa história do piso que é muito importante: os caimentos! É de se supor que todo banheiro ou área dita "molhada" tenha pelo menos um ralo, para onde devem convergir todas as águas que venham a cair no chão. Pois é, mas não é isso que ocorre. O ralo é feito antes do piso, por ocasião da execução do contrapiso, e a referência é a cota de projeto do ambiente. Quando se faz o piso final, naquela cota indicada, na melhor das hipóteses o piso vai ficar no mesmo nível do ralo! Resultado: para que a água corra para o ralo, será necessário um rodo para "convencê-la"! Já vi vários casos em que o ralo está num nível acima do piso, e o resultado é a formação de poças d'água no meio do banheiro ou até dentro do boxe. Isso tem que ser considerado quando da execução do contrapiso: o nível do ralo deve estar pelo menos 1 cm abaixo do nível do piso para ambientes pequenos e 1,5 cm a 2 cm abaixo para ambientes maiores. Quando o piso for executado e o ralo definitivo for colocado, ele poderá ser ajustado na cota correta, considerando uma declividade mínima de 0,5% para o piso como um todo. Considere os caimentos a partir das paredes, e nunca em um "círculo" com alguns centímetros de raio em torno do ralo. Além de ficar horrível, ainda oferece perigo de queda para os usuários. E atenção: o ralo dentro do boxe deve ficar num canto, e nunca no centro, bem embaixo da ducha do chuveiro, pois ele acaba sendo pisoteado pelos usuários e se quebrando (hoje em dia é tudo de plástico).
- Quanto ao espaçamento de rejunte, existem no mercado pequenas peças, normalmente em cruz, que servem exatamente para padronizar os espaços entre as peças de modo que todos fiquem iguais, como já comentado. Tem de várias medidas, de 1 mm a 2,5 mm, para áreas internas, e de 2 mm a 4 mm, para áreas externas. O critério mais usual sobre esse espaçamento é: quanto maior for a peça assentada (vale o tamanho da peça assentada, mesmo cortada), maior será o espaçamento; se houver variação no tamanho das peças, escolha um tamanho intermediário entre elas.

3 | A construção

- Com as peças assentadas, agora é hora do rejunte. Aguarde, porém, algum tempo, três ou quatro dias, por exemplo, para ver se está tudo bem após o assentamento e a consequente retração da argamassa, se alguma peça se soltou ou se deslocou, se surgiu alguma ideia de alteração etc. Outro eventual problema é ter ocorrido alguma falha de assentamento. Para verificar isso, é interessante empregar um martelo de madeira (se não possuí-lo e não encontrá-lo na loja de materiais, procure um batedor de carne de madeira na loja de ferragens ou na feira livre!), dando leves batidas nos azulejos assentados: o som não pode ser cavo, o que indica oco por trás, ou seja, ele pode cair a qualquer momento. Então, remova-o (é claro que há o risco de quebrá-lo), molhe-o bem, remova a argamassa antiga e reassente-o imediatamente, faça outros reparos ou alterações e aguarde mais três ou quatro dias. Não há grandes problemas em remover uma peça antes do rejunte, desde que com cuidado. Depois do rejunte, é problema, pois, mesmo sendo cuidadoso, alguma(s) peça(s) vizinha(s) vai acabar sendo danificada, e aí o trabalho dobra ou mesmo triplica! Muita calma nessa hora!
- Eu não falei sobre padrão de assentamento porque isso envolve uma definição do projetista ou dos proprietários, mas, basicamente, existem dois padrões para azulejos (paredes): a prumo ou travado, exatamente como na alvenaria. Só que, ao contrário da alvenaria, nos revestimentos geralmente se usa assentamento a prumo; para cerâmicas, isso deve ser definido de acordo com o produto. No caso de peças decoradas, é claro que o projeto deve ser seguido.
- O rejunte pode ser uma mistura de cimento branco e alvaiade (3:1) em pasta, acrescentando um corante caso se deseje rejunte colorido. Também pode ser empregada argamassa pré-fabricada para rejunte, que, inclusive, já vem colorida conforme sua opção. Se quiser fazer ajuste de cor, use corantes até alcançar sua preferência, mas lembre-se de que, quando seca, a cor pode sofrer alguma alteração. Por isso, faça testes antes de iniciar o rejunte. Aplique a pasta de rejuntamento com o auxílio de rodo ou espátula, aguarde algum tempo até a pasta dar pega e remova o excesso com um pano molhado (não use estopa, que pode deixar fiapos). Se quiser sofisticar mais, use um fio elétrico rígido encapado (bitola de acordo com o espaçamento das peças) e frise sobre o rejunte. Aguarde pelo menos uma hora antes de limpar o excesso.
- Em relação ao ajuste às interferências, é evidente que vão ocorrer várias interferências durante a execução dos trabalhos. Sempre haverá uma caixa, um painel, uma tubulação, uma quina ou outra coisa qualquer que forçará você a cortar e recortar uma ou mais peças para ajustar o revestimento.

Para tanto, você deverá dispor de um riscador de diamante, um cortador de azulejo manual, uma máquina elétrica de corte com disco de vídia, uma furadeira com serra-copo de vídia (várias bitolas) e, importante, um esquadro e uma régua com escala, metálicos. Aí é só tomar cuidado para marcar corretamente as posições de corte, recortar os furos e assentar as peças no lugar e nas posições corretas. É evidente que algumas peças vão se quebrar, mas isso faz parte do jogo.

3.3.3 Aplicação de outros materiais de revestimentos (pedras, laminados, resinas etc.)

Um dos cuidados para o emprego de materiais especiais numa obra é a procedência: fabricante, sua localização, qualidade de seu produto, assistência técnica para sua manipulação, prazos de fornecimento e pagamento, satisfação de sua clientela, garantias e também se você dispõe de mão de obra especializada para aquele material. De tudo que foi relacionado, somente dois itens são de sua responsabilidade: a mão de obra de colocação e o levantamento de todos os itens anteriores. Atualmente isso está mais fácil do que nunca: pela internet você já consegue respostas para a maioria dos dados; resta a questão dos prazos e detalhes da assistência técnica, que precisam ficar muito bem explicadinhos!

De maneira geral, sempre que possível procure um fornecedor (ou representante) próximo da obra e que seja facilmente encontrado. Isso é importante, pois, quando surgir algum problema, você terá a quem recorrer e não precisará ficar ligando para vários lugares até encontrar (se encontrar) alguém que o socorra. Por esse motivo a satisfação de outros clientes é tão importante: mais vale perder tempo fazendo essa pesquisa do que perder tempo correndo atrás de apoio quando alguma coisa deu errado ou se precisa de suporte técnico.

Atenção para outro ponto importante, ainda mais na atual conjuntura: o(s) frete(s). Deve ficar muito claro a quem compete (incluso ou não), onde retira, se tem frete de retorno (para engradados, suportes metálicos, ferramentas especiais etc.), valores, seguros e o que mais for para deixar essa parte muito bem acertada. Considere que uma grande parte das desavenças e dos problemas de fornecimento costuma ter início justamente no frete!

3.3.4 Outros materiais e profissionais de revestimento e acabamento

- Esquadrias e caixilhos metálicos (portas e janelas).
- Esquadrias e caixilhos de madeira (portas e janelas).
- Paredes e forros de gesso ou outros materiais.
- Materiais de serralheria (corrimãos, guarda-corpos, portões etc.).

3 | A construção

- Materiais de funilaria (rufos, calhas e prumadas de água pluvial).
- Paisagistas e/ou jardineiros.
- Pinturas e outros materiais similares – pintores.
- Outros.

Os materiais relacionados são, regra geral, fornecimentos externos com colocação pela própria obra, salvo em casos especiais onde isso é definido já no contrato de fornecimento. Para alguns deles, pode ser necessária a contratação de outra mão de obra externa (terceirizada) para efetuar a colocação ou a execução de serviços complementares. Isso precisa ficar bem claro, pois também pode dar motivo a dúvidas e reclamações que eventualmente podem, além de custar caro, atrasar o serviço ou comprometer sua qualidade. Além disso, todos os profissionais terceirizados, seja por você mesmo, seja pelo fornecedor, devem atender aos regulamentos da obra e às leis trabalhistas. Lembre-se de que qualquer problema nessa área é de responsabilidade da obra! Se houve um acidente e o funcionário estava sem o EPI adequado, sua obra será responsável, pois você deveria ter exigido o uso correto desse equipamento por qualquer pessoa dentro dela. Outras situações também podem gerar conflitos e problemas, e é por isso que os contratos devem ser bem feitos e conter cláusulas de obrigações mútuas entre as partes.

No caso de pinturas e pintores, cabem algumas observações adicionais:

- Se o serviço será executado por uma empresa, então ele pode ser considerado como subempreitada e será motivo para um contrato entre pessoas jurídicas. A questão dos fornecimentos de materiais e, eventualmente, de alguns equipamentos terá que ser bem definida. Na maioria das vezes, a obra só fornece materiais de aplicação (tintas, massas, aditivos, corantes etc.); já materiais de consumo (lixas, pincéis, trinchas, espátulas, bandejas, baldes etc.) vão depender de entendimento prévio entre as partes. Os equipamentos (escadas, guinchos, andaimes, fachadeiros, telas de proteção etc.) e os EPIs são considerados como de fornecimento da empreiteira. Eventualmente a obra pode franquear escadas, andaimes e telas se ainda se encontrarem na obra, mas isso normalmente é considerado uma liberalidade.
- No caso de profissional autônomo sem registro de empresa, normalmente ele entra com sua (dele) pessoa e o resto é por sua (sua mesmo, a obra) conta, inclusive a equipe dele (um pintor nunca trabalha sozinho). É quase uma contratação de funcionários por tempo limitado, mas é preciso contratos muito bem feitos para que não venham a dar problemas, inclusive na Justiça. Principalmente se, por azar, ocorrer algum acidente! E mais, qualquer um desses funcionários pode criar um problema sozinho, mesmo contra a

opinião do chefe dele. Vai daí que é preciso estar juridicamente bem assessorado e também bem informado, principalmente no que se refere às leis trabalhistas. Nunca se esqueça de que funcionário terceirizado é considerado, na Justiça do Trabalho, como um trabalhador "especial" da obra e com os mesmos direitos e deveres de um funcionário registrado seu. Ou seja, a obra é absolutamente solidária com a empresa ou a pessoa contratada que admitiu o trabalhador "especial", sendo responsável pelo cumprimento pela empresa de todas as regras e leis que regem o trabalho. Caso essa empresa falhe nesse mister, a obra será responsabilizada solidariamente e poderá ter que arcar com os custos atinentes. Assim, se a empresa que terceirizou o trabalho não pagou, a obra terá que pagar. E isso vale para tudo: salários, bonificações, indenizações, multas e tudo o mais que advir dessa situação. E, pior, o proprietário da obra também poderá ser arrolado, e ele pode não gostar disso e resolver processá-lo. É, meu amigo, a vida não é para amadores!

- Deixamos de dar detalhes técnicos sobre pintura porque o volume de informações sobre esse assunto é muito grande, em razão da multiplicidade de produtos de todos os tipos lançados ultimamente, além dos que ainda serão lançados em breve. Qualquer informação ou orientação que passemos agora poderá ser alterada a qualquer instante, e essa orientação estaria cristalizada neste livro! Assim, a melhor recomendação é: procure na internet e você poderá quase que fazer um curso completo sobre o assunto e, melhor, atualizado. Além disso, os próprios fabricantes e fornecedores são pródigos em informações, orientações e instruções detalhadas sobre o uso dos produtos que lançam no mercado, divulgando-as por meio impresso e digital. Como você terá que cumprir essas especificações, até por causa das garantias, é bom consultar sempre a documentação fornecida pelo fabricante e/ou fornecedor.

Os "outros" indicados na lista se referem a uma infinidade de materiais e profissionais que atuam no mercado, em torno da construção civil. Além de atividades e profissões de menor uso, a cada momento surgem novos materiais e, consequentemente, novos profissionais, que, por suposto, são habilitados a trabalhar com eles! Muitas vezes não o são, e não passam de curiosos que atuaram, quando muito, como auxiliares e agora já se apresentam como *experts*! É preciso muito cuidado com isso, e, para evitar aborrecimentos e prejuízos, o melhor caminho é pedir referências deles e conferi-las. Não só de uma pessoa ou empresa, mas pelo menos de três profissionais minimamente conhecidos. Não aceite referências de funcionários de empresas, elas devem vir de dirigentes ou, no mínimo, de gerentes.

4

O planejamento com o orçamento, integrados

Antes de tudo, meus parabéns: você foi, está sendo ou será promovido em breve! Você vai trabalhar, a partir de agora, no escritório central da empresa e, aproveitando sua experiência em obras, passará a fazer o planejamento e o orçamento das obras novas que estão chegando. Você deverá atender os clientes, ativos ou potenciais, e colher todas as informações necessárias para o desenvolvimento do trabalho que lhe está sendo requerido. Além disso, deverá fazer incursões ao campo onde será executada a obra e também aos outros setores da empresa, com o objetivo de colher mais informações para a execução de seu trabalho.

Este capítulo procura exatamente orientá-lo nessa tarefa de colher, processar, colher de novo, reprocessar todas as informações possíveis e necessárias para executar sua tarefa, que, aliás, não é muito simples: elaborar um cronograma e um orçamento que convençam o cliente a entregar a execução da obra à sua empresa. E depois acompanhar e controlar sua execução e, finalmente, sua gloriosa entrega! Com palmas e elogios, se possível.

Já vou avisando: *vai dar trabalho*! Mas depois o trabalho compensa na obra, facilita sua vida!

Vamos lá?

4.1 Preliminares

Planejamento e orçamento integrados? O que é isso mesmo? Resposta: é apenas um orçamento feito da maneira como deve ser feito!

Antes de mais nada, vamos estabelecer alguns parâmetros, para que falemos a mesma língua. Vamos colocar da seguinte forma: se precisamos orçar um serviço, seja ele qual for, você concordará que é fundamental saber *onde* vamos trabalhar (o local), analisar bem *qual* serviço devemos fazer (o projeto) e também estudar *como* vamos executá-lo (o planejamento). Acho que isso é muito claro para todo mundo. No entanto, não é o que ocorre normalmente: muitos orçamentos (mais até do que se consegue imaginar!) são feitos com informações do solicitante, sem qualquer visita ou mesmo pesquisa sobre o local, até sem projeto e muito menos planejamento. É tudo de boca! Ora, esse é um risco muito alto, pois você recebe informações ligeiras de uma pessoa de fora do ramo (leiga) e, além disso, interessada em conseguir o preço mínimo para o maior número de serviços, com a melhor qualidade e no menor prazo possível! O fato é que o orçamento é elaborado assim, e daí para o desastre é um passo, pois existe uma lei "natural" que está sendo frontalmente contrariada, *a lei da tríplice impossibilidade*, segundo a qual qualidade, rapidez e preço baixo podem se reunir no máximo em duplas, nunca em trio!

Infelizmente esse problema acontece muito, principalmente em obras pequenas – mas em obras grandes também, mormente em obras adicionais –, e é causa de muitos conflitos durante a execução de um empreendimento. Evitar isso às vezes dá trabalho, mas não há outra solução: realizar vistoria do local (na pior das hipóteses, pesquisa o mais detalhada possível), solicitar e analisar profundamente o projeto e planejar detalhadamente como executá-lo. Isso dá trabalho? Claro que dá, mas é a garantia mínima que você pode ter para evitar um desastre!

Tem uma coisa nessa história de planejamento × orçamento que merece um comentário: quando um técnico faz um orçamento, mentalmente realiza também um planejamento, e é isso que ele aplica nesse orçamento. Quer dizer, de certa forma ele faz um planejamento, só que não o põe no papel nem na máquina. Isso é ruim, porque depois ele se esquece do que planejou e altera o orçamento (ou adapta, ajusta, corrige), não levando mais em conta o que tinha planejado no início, o que pode levar a conflitos ou inconsistências.

Muito bem, voltando a nosso assunto: a visita foi feita (com direito a muitas fotos e tudo mais), o projeto está sobre a mesa e agora surge a pergunta: como utilizar todas as informações coletadas para a elaboração do planejamento? E o orçamento, como fazer? É exatamente aqui que nós entramos: nossa intenção é passar informações baseadas nas experiências de vários profissionais que aprenderam do modo mais difícil e caro, o famoso modo "quebrando a cara"! Também falaremos da difícil missão de programar e controlar trabalhos, além daquele assunto espinhoso e delicado, o BDI, esse famoso e desconhecido ente que atravessa nosso caminho toda vez que estamos fechando o orçamento. Para encerrar, há uma análise da lucratividade do empreendimento e o que fazer para que os erros cometidos dessa vez nos ajudem a melhorar o próximo empreendimento.

Recapitulemos: qualquer pessoa, independentemente de raça, cor, credo ou partido político, sabe que, antes de se projetar, orçar e construir qualquer obra, deve-

4 | O planejamento com o orçamento, integrados

-se estudar muito bem as reais condições do cliente e do local, a disponibilidade financeira para o empreendimento, o clima, a posição relativa do Sol, da Terra, da Lua etc. Sabe, mas infelizmente não o faz, pois, do contrário, como se explicam os absurdos que encontramos por aí a cada passo? Eu sei que o que vou dizer é o "óbvio ululante", como dizia Nelson Rodrigues, mas infelizmente também é o óbvio desprezado, porque quase não se faz: os levantamentos sobre as condições reais da obra devem ser efetuados antes do planejamento e do orçamento; o planejamento, antes do orçamento; e o orçamento, antes do início da obra. Simples, né? Só que de uma simplicidade complicada, já que todos esperam até a última hora para tomar as decisões e, como resultado, espremem a obra: o orçamento é feito sem vistoria, análise de projeto ou planejamento, às vezes o local é inadequado ou o projeto está errado, e ninguém tem a mínima ideia de como executar o trabalho! Mas o orçamento saiu e, tragédia, foi aprovado pelo cliente, que embarcou nesse "trem da fantasia".

Alguns clientes são conscientes do erro (e/ou inconsequentes) e, mesmo sabendo que o orçamento está errado, aprovam-no pensando em tirar proveito desse fato – é aquela famosa lei de Murphy: "Se existe uma chance de dar errado, vai dar!" – ou, então, tentando não ver o óbvio à sua frente – é o não menos famoso "me engana que eu gosto"! Para piorar, nesse trem da fantasia, o vagão *planejamento* é atropelado e acaba indo a reboque, aos trancos e barrancos, e é enfiado dentro do saco do *orçamento*, ou seja, o planejamento é que tem que caber dentro do orçamento, e não o contrário. Afinal, é a própria obra que caminha tateando, suportada pela incrível criatividade de nossos peões (todos, de engenheiro a serventes). Nem sempre resolve, e, quando ela termina (se termina!), em vez de correr para o abraço, só resta sentar para o choro!

Uma coisa importante tem que ser dita: tudo começa com um planejamento preliminar, que evolui para um estudo de custos (orçamento estimativo) e daí para um planejamento mais profundo e depois um orçamento mais detalhado. Veja que é uma constante ida e vinda entre o planejamento e o orçamento. E, assim, eles vão evoluindo simultaneamente, de forma que, quando o planejamento ficar pronto, o orçamento também estará quase pronto, pois são elaborados conjuntamente.

Na verdade, essa é uma digressão sobre o que já foi dito logo no início, só que agora estou falando de maneira mais direta e abrangente. Todos os itens têm que ser avaliados antes do início da obra. E com muito bom senso. Receber a obra e sair correndo para orçá-la, sem vistoria, análise do projeto e planejamento, pode ser um procedimento perigoso e caro.

Na primeira parte deste trabalho, você estava na obra, trabalhando como peão (receba essa afirmação como elogio!). Agora não, você foi promovido e está coordenando várias obras. Então, sua visão sobre as obras é diferente daquela que você tinha quando cuidava de uma só, lá no campo! Vamos ver como será, ou deveria ser, a partir de agora.

118 Guia da construção civil: do canteiro ao controle de qualidade

4.2 Projetos e orçamentos

4.2.1 Condições requeridas

O elementar e básico em um projeto é que ele esteja correto e preciso. Pode parecer uma redundância óbvia, mas infelizmente não é: a quantidade de erros que vêm num projeto é impressionante, e é evidente que isso vai complicar o trabalho de planejar e orçar: se você atira com uma arma defeituosa (o projeto), certamente terá dificuldade para acertar seu alvo. Nessas condições, o primeiro passo é revisar o projeto minuciosamente, detalhe por detalhe, folha por folha, comparar uma com a outra, civil com elétrica e com hidráulica, plantas com cortes, geral com detalhes etc. etc. etc.!

Terminou? Faça as correções e as observações, a lápis mesmo. Feito? Ótimo, então comece de novo ou, melhor ainda, peça para alguém fazer uma nova revisão. Você ficará surpreso com a quantidade de erros que ainda vai encontrar. Procure então os projetistas e discuta com eles os problemas encontrados. Defina as correções e, se os problemas restantes não forem sérios, você poderá passar para a etapa seguinte.

Outro ponto importante é definir quem acompanhará a obra no campo caso o orçamento seja aprovado (aliás, neste trabalho, vamos sempre supor que o orçamento será aprovado pelo cliente). É muito interessante que essa pessoa – engenheiro, arquiteto, técnico ou prático – participe do planejamento e do orçamento, do contrário haverá dificuldades, pois vocês estarão falando línguas diferentes. Ainda voltaremos a falar disso.

Antes de iniciar essa fase do trabalho de escritório, o planejamento, você deverá vestir uma roupa de briga, calçar suas botinas e, munido no mínimo de alguns papéis ou um caderno e de um lápis, dirigir-se ao local da obra. E também não se esqueça da máquina fotográfica ou do celular. Vá lá, passe uma manhã andando pelo campo, caso seja uma obra de médio porte, olhando tudo e anotando e fotografando cada detalhe que, a seu ver, possa ser importante. Tente visualizar a obra já pronta, tire medidas, mesmo que seja a passo, anote mais coisas ainda, afaste-se até um local de onde possa ter uma visão global e tente de novo "enxergar" a obra pronta. No começo não é muito fácil, mas com o tempo você verá que a coisa começa a tomar forma. No caso de obras com várias unidades – muito comum em obras industriais ou de saneamento, por exemplo –, tente a princípio uma por uma e depois junte tudo. Fotografe (se possível, também filme alguns *takes*) tudo que puder, porque depois você não terá chance: a obra é dinâmica e amanhã já estará tudo diferente. A propósito, considere sempre a máquina fotográfica na obra, pois seu custo no contexto em geral é desprezível, principalmente se levar em conta seu benefício. Lembre-se de que uma imagem vale mais do que mil palavras! E, mesmo com fotos ou imagens, anote tudo naquele caderno que você levou, não guarde nada

4 | O planejamento com o orçamento, integrados

de memória, mesmo ideias loucas que possam lhe ocorrer na hora: anotar é de graça (atualmente, tirar fotos também) e, de repente, de uma loucura se pode tirar alguma coisa que preste. Se não prestar, lixo é para essas coisas mesmo. Aproveite e faça algumas gravações com observações também.

Deixe-me fazer uma consideração adicional sobre fotos (prometo que será a última!): por mais fotos que você tire, na hora de analisar tudo estará faltando uma foto, um ângulo, um detalhe qualquer que lhe fará falta na hora de planejar. O pior é que não compensa uma nova visita à obra só por causa desse detalhe, e por isso sugeri filmar também, embora saiba que, assim mesmo, vai faltar um ângulo qualquer! Agora, se compensar, não vacile, corra para lá e tire uma nova coleção de fotos: afinal, agora você já sabe exatamente o que quer...

Muito bem, já estudamos e revisamos o projeto, já fizemos pelo menos uma vistoria no local da obra, temos um álbum de fotos e filmes (quase) completos, o que falta mais como pré-requisito? Voltar a estudar o projeto. Agora você vai fazer uma análise crítica do projeto para efeito de planejamento, tendo em vista sua visita ao local e as fotos que tirou. Se trabalhar com seriedade e atenção, segundo as mais recentes estatísticas, você ainda vai achar mais um montão de erros, principalmente em sua concepção inicial de planejamento da obra. E grosseiros! Corrija-os ou ajuste-os e revise tudo novamente. Às vezes, quando você faz uma correção de um lado, atrapalha do outro; por isso, a cada modificação realizada, deve-se procurar as consequências.

Corrigidos esses erros, estamos em bom caminho: provavelmente 60% deles estão resolvidos. Os outros 30% você encontrará durante a obra, e os 10% restantes só serão descobertos depois, no fim da obra, mas aí já é outra história.

Antes de prosseguirmos, quero fazer uma colocação semântica sobre uma palavra muito em moda atualmente: gerenciamento. Você pode pensar até que não tem nada a ver falar disso agora, mas depois verá que tem, sim. O caso é o seguinte: aqui no Brasil, o planejamento é, na prática, o gerenciamento efetuado pelas empreiteiras. Ou seja, no fundo são a mesma coisa, mas quem executa o planejamento é a empreiteira, enquanto quem executa o gerenciamento, que é a supervisão do planejamento, é o dono da obra ou seus prepostos, enfim, o contratante. Vou utilizar mais o termo *planejamento* por ser, em nosso caso, mais objetivo, haja vista o enfoque dado em nosso papo.

4.2.2 Nível de detalhamento

Aí já entram duas coisas importantíssimas para a obra e para nós, engenheiros, arquitetos e interessados condutores de obras de maneira geral: relação custo--benefício (dinheiro – ah, se não fosse ele!) e bom senso. Qualquer peão de obra sabe que, quanto mais detalhes num projeto, melhor, *cerrrto*? Errado! Para começo de conversa, você não é qualquer peão. Depois, você tem que usar o bom senso

Guia da construção civil: do canteiro ao controle de qualidade

e analisar as reais necessidades suas e da obra. Informação em excesso, além de custar dinheiro, pode atrapalhar e tumultuar o processo: começa a haver discrepâncias e desencontros. É a *informatite*, uma das mais sérias infecções causadas pelo vírus *Stupidus informaticus*. Depois eu conto mais!

Siga uma regra simples de bem viver: nunca peça mais informações do que você realmente precisa nem as dê mais do que lhe for solicitado. Sempre que possível, estabeleça esses parâmetros antes.

De qualquer maneira, estude os detalhes fornecidos pelos projetistas e, sempre que tiver dúvida ou julgar que poderá haver problemas na obra, peça mais. Mas lembre-se sempre: bom senso!

O nível de detalhamento é definido pela complexidade da obra ou do próprio detalhe a ser executado. Assim mesmo, não se iluda, isso é como falha de projeto: por mais que você cuide, alguma coisa sempre escapa.

4.2.3 Orçamento de proposta (venda) e orçamentos básico e executivo (custo)

Para cada participante de uma obra devem existir basicamente quatro tipos de orçamento: de venda ou, se preferir, da proposta; de custo; básico; e executivo. No mais das vezes, o contratante só toma conhecimento do orçamento de venda de cada contratado. É muito importante, porém, que cada participante da obra procure saber ou pelo menos avaliar os custos e os valores ocultos do outro. Esse procedimento evita uma série de atritos desnecessários, desgastantes e estéreis. Para isso, não é preciso reorçar tudo, apenas os itens mais significativos, que já dão uma ideia de grandeza e facilitam entendimentos. Uma prática muito saudável para os contratantes, principalmente para o dono da obra, é fazer ou obter do projetista um orçamento preliminar, uma avaliação ou estimativa, *antes* de pedir ou receber orçamentos de propostas. Dessa forma, poderá ser feita uma avaliação muito mais real do orçamento de venda que se está recebendo.

Existe um conceito muito importante na relação orçamento-planejamento: contratando, o dono da obra utiliza, para fazer seu próprio planejamento, o orçamento de venda da empreiteira, que é ou será o contratual, enquanto a empreiteira, para fazer o seu, vai utilizar seu orçamento de custo, que ela nunca mostrará ao dono da obra. Conclusão: partindo de posições diferentes, poderão surgir diferenças bastante significativas. Principalmente se a variação entre eles não for linear ou por índice único (o famoso K). Isso ocorre basicamente porque as curvas ABC (ver seção "Curva ABC", pp. 130 e 168) poderão ser diferentes, o que fatalmente provocará mudanças no enfoque a ser adotado na hora do planejamento final da obra. Além disso, a empreiteira buscará executar prioritariamente os itens ou atividades

4 | O planejamento com o orçamento, integrados

que produzam maior receita para poder se capitalizar, enquanto o contratante tem o objetivo exatamente oposto. Isso é regra geral no mundo todo, mas aqui no Brasil, devido a certas condições peculiares e muito nossas, esse problema se potencializa e às vezes pode significar o sucesso ou o fracasso de um empreendimento. Se você for o contratante e segurar todo o "filé" para depois, poderá ser tarde, pois a empreiteira eventualmente já estará tendo problemas financeiros. Por outro lado, se você soltar todo o "filé", a empreiteira poderá não querer "roer o osso" do fim da obra. Realmente, a melhor solução para as duas partes será sempre o meio-termo (conclusão acaciana!), com bom senso.

O fato, porém, é que os planejamentos do contratante e do empreiteiro não são comparáveis e nem mesmo compatíveis, a menos que eles sejam impostos por contrato. Nesse caso, o empreiteiro deverá adotar o que lhe for colocado ou apresentar um planejamento, que será aceito ou não pelo contratante. De qualquer maneira, deverá sempre lhe restar uma margem de manobra para cada parte fazer *seu* planejamento dentro do *dele*. Se isso não ocorrer, alguém está negociando mal nessa história.

4.2.4 Bases de dados do orçamento

Base de dados é o conjunto de elementos práticos sobre os quais você vai trabalhar para poder executar um orçamento. Refere-se aos materiais e à mão de obra.

O grande problema para quem elabora um orçamento está basicamente na composição da mão de obra, pois com relação aos materiais é bem mais simples, embora não tão fácil. No caso do concreto, por exemplo, conforme o traço, existem inúmeras tabelas que dão detalhadamente as quantidades de aglomerantes, agregados e aditivos aprovadas para cada resistência requerida. Em último caso, eu posso ir ao campo e executar amostras, medindo ou pesando as quantidades, testando as resistências dos corpos de prova e pronto, tenho minha base de dados para materiais que servirá seguramente até o final da obra, talvez até para outras.

Já com relação à mão de obra, a coisa complica: sentar-se ao lado de um peão, medindo o tempo que ele leva para fazer um serviço, positivamente não funciona. Ou ele trabalha rápido, pois pensa que poderá agradá-lo e ganhar um aumento, ou ele trabalha normalmente, indiferente à sua presença, ou ele trabalha lento, imaginando que, quando você for cobrá-lo, ele poderá apresentar melhor produção sem cronometragem e, quem sabe, ganhar umas horas-prêmio em cima disso. São só três das inúmeras hipóteses possíveis de ocorrer dentro de sua cabeça. Mas suponhamos que a gente insista e cronometre (escondido) vários peões fazendo o mesmo serviço. Chegaremos à triste conclusão de que não teremos resultado nenhum, pois os tempos obtidos serão os mais díspares possíveis, não se repetindo nem mesmo para o mesmo peão: cada vez que ele executa o serviço (o mesmo), tem um tempo diferente. Quer dizer, desse jeito não há solução.

Então qual é a solução? Como obter esses valores? Em primeiro lugar, esse é um processo extremamente trabalhoso e que leva anos; em segundo lugar, você deve ter uma boa equipe que controle horas de trabalho em cada atividade durante uma, duas, três, dez obras, enquanto outra equipe deve fazer um minucioso levantamento das quantidades efetivamente executadas (não valem as de projeto). Também ajuda muito ter paciência de Jó e, por fim, bastante dinheiro para gastar ou um bom custo para amortizar, pois o brinquedo sai caro. Em todo caso, se quiser fazer, tudo bem, aqui vai a receita: após cada obra, divida as quantidades totais de cada atividade pelo tempo total empregado para executá-la inteira e pelo número de funcionários utilizados no serviço (não se esqueça de dividi-los em categorias), e então divida o resultado pelo volume de serviço executado. Pronto, você já tem um valor de homem-hora/unidade. Faça um gráfico e coloque ali seu valor. Repita a operação mais umas cinco, dez, quinze vezes ou até obter algumas curvas convergentes que estatisticamente lhe forneçam um valor definitivo. Para cada atividade, o processo deverá ser igual. Boa sorte!

Porém, se você não quiser ter esse trabalho todo, resta um caminho: usar a base de dados de alguém que já o tenha feito, como a antiga Tabela de Composição de Preços para Orçamentos (TCPO). Embora essa tabela não seja perfeita e dê margem a dúvidas em alguns itens, ainda assim a relação custo-benefício é bastante satisfatória. Para nós, aqui, está muito bom. Além da editora Pini, que publicava a TCPO, existem outras e do mesmo tipo; é só procurar na internet ou em livrarias do ramo. Outras bases já vêm inseridas dentro de programas (*softwares*) de orçamentação. Aqui, vamos adotar uma base pronta, a Tabela de Composição de Preços para Orçamentos Nossos (TCPON), e que já vem inserida no programa, OK? Mas lembre-se sempre: o que vale são os dados referentes aos tempos das mãos de obra e às quantidades de materiais, e nunca os valores, que devem ser sempre atualizados, pois, você sabe, os preços variam sempre. Mais uma coisa: você certamente irá se deparar com serviços que não constam nas tabelas de composição de preços! E aí, como fazer? A internet costuma ser uma boa solução, mas nem sempre resolve. A saída é, partindo de um serviço parecido que conste na tabela, tentar fazer sua própria composição, e, adotando valores estimados (chutados com classe e inteligência!), tentar chegar a um resultado satisfatório. Também vale perguntar para amigos e mesmo concorrentes (discretamente!).

Muito bem, já temos nossa base de dados e poderemos trabalhar num orçamento conforme manda o figurino. Ou refazer, se for o caso.

Também já dá para fazer um planejamento básico, que vai instruir a elaboração de um orçamento básico, o qual, por sua vez, servirá para executar a proposta básica a

4 | O planejamento com o orçamento, integrados

ser enviada ao cliente. Como ela estará muito bem fundamentada e belamente elaborada, o cliente, encantado, a aceitará prontamente e, depois de elegantes discussões sobre alguns detalhes menores, será assinado o contrato. Abstraindo a falta de elegância das discussões e a rapidez na aceitação, digamos que no fundo deu tudo certo e, após inúmeras ameaças, idas e vindas, descontos e reduções de prazos, mesmo com a inclusão de algumas outras "obrinhas", o maldito contrato foi assinado.

Glória a Deus nas alturas e paz na obra aos homens de boa vontade. E haja boa vontade, já que a paz é só para Deus em sua Glória!

Agora vamos para a obra. Mas, antes, temos que fazer seu planejamento detalhado, esse de verdade: o planejamento executivo. Quer dizer que, daqui para a frente, tudo passa a ser *executivo*, a Era do Básico acabou, agora é a Era do Executivo? Ledo engano, ainda temos alguns tópicos para discutir. Afinal, ainda nem executamos o planejamento básico e muito menos o orçamento também básico. Quando muito, ainda estamos elaborando um planejamento preliminar, que vai instruir um orçamento preliminar, que resultará num orçamento de venda.

4.3 Planejamento, programação e controle da obra (básicos e executivos!)

4.3.1 Participação da equipe

Existem poucas coisas que exigem tanto o trabalho de equipe como o planejamento. Positivamente, não adianta você se sentar em seu escritório, produzir planos lindos e maravilhosos e mandá-los para a obra. O que vai acontecer é que o engenheiro--residente (ou quem for ficar à frente da obra) afixará os documentos visualmente atraentes, como cronogramas, gráficos e diagramas, na parede do barraco e empilhará o restante em cima da mesa dele, num canto. Então, semanalmente a princípio, mensalmente depois, ele vai dar uma olhadinha naqueles papéis, até que, num belo dia, começará a usá-los para fazer rascunhos. Já os "quadros" na parede ele mostrará para todos os visitantes, às vezes até pintará as barras, mas, quando os papéis começarem a ficar amarelos, empoeirados e flácidos, vai se esquecer deles, jogando-os no lixo porque já não valerão nada. Pronto, seu planejamento deu nisso e acabou virando rascunho de croquis da obra, como acontece, de resto, com a maioria dos planejamentos. Ou seja, "planejamento de obra feito pela própria obra"!

Só existe uma maneira de evitar isso: trabalho de equipe! Se você chamar o residente (engenheiro, técnico ou mestre) e trabalhar juntamente com ele no plano, quando o resultado for para a obra você terá um parceiro lá, um cúmplice. Aqueles cronogramas, gráficos, relatórios e o que mais for não serão os planos de um burocrata de gabinete, maluco e sonhador. Não, senhor, são também os planos dele, residente: se não derem certo, ele também será responsável! Por isso, é importante a participação do pessoal da obra no planejamento: o planejamento quem vai fazer é a obra, o planejador vai apenas orientar, balizar, ordenar e codificar as informações que receber. É evidente que, para tal, ele deverá conhecer profundamente a obra e o projeto, mas isso nós já resolvemos na seção anterior.

Outro setor que deve ser consultado, embora não necessariamente precise participar do trabalho, é o de suprimentos, já que, se o material não chegar, não terá obra e o plano vai para o lixo. O setor financeiro também é muito importante: verifique qual é a programação real de desembolso para que haja compatibilidade entre o que você acha e o que realmente é. Na maioria dos casos, aqui no Brasil, quem define a política de contratação de pessoal é a obra ou, no máximo, o diretor de produção, de modo que não costuma haver problemas por esse lado – a mão de obra atualmente é farta, apesar da baixa qualidade.

Agora, estamos todos no mesmo barco e todos são cúmplices nessa empreitada. É, mas ainda falta uma pessoa a ser cooptada, que é, em grande número de vezes, quem põe tudo a perder: o chefe! É isso mesmo, o chefe, que costuma visitar a obra e interferir nela sem consultar o residente, que gosta de modificar as compras de forma a suavizar o desembolso, que modifica ou altera o relacionamento com o contratante ou o contratado com aditivos contratuais, sem informar o planejamento, o controle e nem mesmo, muitas vezes, a própria obra. Parece absurdo? Mas não é. Isso existe e muito, mais até do que se pode imaginar. Abstraindo os motivos que o levam a proceder dessa maneira, só existe um jeito de resolver esse problema: trazê--lo para o grupo, torná-lo cúmplice também. Assim, ele será outro que também se sentirá responsável se "a vaca for para o brejo".

4.3.2 Condições reais

Mas nós não caímos nesse logro, fizemos a lição de casa certinho e aqui estamos, prontos para executar uma obra de maneira produtiva e tecnicamente perfeita (agradecemos os aplausos!).

Porém, não se iluda, ainda temos que repassar alguns pontos antes de começar a obra para valer.

4.3.3 Investindo tempo

Se, ao recebermos a obra, "perdermos" alguns dias estudando seu projeto, discutindo seus detalhes com projetistas, estudando o local etc., como já falamos no início, então estaremos investindo tempo, e não o perdendo ou o gastando. Esse procedimento pode garantir valiosos ganhos em produtividade, qualidade e, importante, dinheiro. Aliás, dinheiro é a consequência natural se você consegue melhorar

4 | O planejamento com o orçamento, integrados 125

a produtividade e a qualidade. Por esse motivo, só inicie o orçamento com o planejamento básico pelo menos esboçado. Aí, quando você precisar executar a obra, o orçamento vai balizá-lo na elaboração de um planejamento executivo detalhado. Mas as linhas mestras já estarão definidas desde logo.

4.3.4 Controlar a obra com simplicidade

A decisão de controlar a obra deve ser tomada nesse momento, antes até de se fazer qualquer estudo preliminar. Pode parecer estranho que se diga que o controle de obra depende de uma decisão e, mais ainda, que ela tem que ser tomada até antes do orçamento. Mas é a pura verdade! Pelo menos se quisermos fazer esse controle com simplicidade, sem as complicações e os tumultos (pode ler brigas, se desejar!) tão comuns nessas ocasiões, principalmente se as coisas não estiverem correndo muito bem.

Fazer o controle da obra depende de decisão? Eu sei que você imediatamente me responderá que todo mundo quer o controle da obra e que a decisão é automática. Pois eu lhe digo que não, a maioria dos construtores não o quer, acha que controla tudo no sentimento. Exagero? Que nada, eu já ouvi empreiteiro velho, engenheiro experiente, dizer que, quando entra na obra, "sente" se está tudo em ordem ou se alguma coisa vai mal! Por essas e outras é que a decisão tem que ser tomada *sim*, e mais, tem que ser tomada antes de fazer o planejamento e o orçamento!

Sabe por quê? Porque só assim seu controle será feito com simplicidade, sem atropelos, sem tumultos e principalmente sem altos custos. E tudo em razão de ele já estar previsto, planejado, considerado no orçamento e no planejamento. Mesmo porque o controle de obra tem custo e, às vezes, não é pequeno! Essa é a grande diferença: se eu deixar no planejamento e no orçamento *marcos* que balizem a atuação da obra, se tornará muito mais fácil fazer o controle – eu confiro esses marcos e, se eles estiverem corretos, será sinal de que as coisas estão correndo bem, independentemente de alguém "sentir" qualquer coisa quando chega à obra. Na seção que trata da elaboração do orçamento, esse assunto será visto com mais profundidade.

4.4 Planejamento

Agora que já acertamos alguns conceitos básicos, podemos começar nosso trabalho de planejamento, que, no caso, é a primeira etapa do processo. Até aqui, apenas estabelecemos os parâmetros dentro dos quais iremos operar, de forma a termos uma linguagem comum. Agora é que nós vamos misturar tudo para fazer nosso bolo. Começamos selecionando os ingredientes, que depois misturaremos segundo a receita mais adequada – que, por sinal, são muitas.

4.4.1 Bases de trabalho

Todo o nosso trabalho terá por base geral um tripé definido pelas condições físicas da obra (localização geográfica), pelos recursos disponíveis para executá-la (materiais, humanos e financeiros) e pelo período em que será executada (época do ano, período etc., ou seja, calendário). Pode parecer estranho que o projeto não esteja incluído nessa lista, mas o fato é que o projeto em si é uma particularização dos pré-requisitos: numa mesma área, com determinada quantidade de recursos e em uma determinada época, podem ser construídos desde um prédio de luxo até um estacionamento de caminhões, passando por um galpão industrial, uma estação de tratamento de água, um viaduto etc. Já com um determinado projeto isso não ocorre, pois talvez ele requeira uma área maior, ou mais dinheiro, ou tempo seco (caso de movimento de terra) etc. Uma última consideração: não se trata, aqui, de fazer um estudo de viabilidade do empreendimento como um todo. Isso já deveria ter sido feito antes pelos setores competentes. Nossa análise se prende unicamente ao processo executivo, à obra, ao *como fazer*. Se o produto da obra vai funcionar ou não, não nos diz respeito, pelo menos não nessa altura do campeonato.

Condições físicas

Partindo-se do levantamento já efetuado no início, dessa vez nossa atenção deverá se dirigir a um aspecto mais amplo: vamos olhar em volta, para a microrregião onde está a obra. Todas as condições climáticas, sociais, econômicas e até políticas e religiosas da área deverão ser analisadas, pois, eventualmente, poderão ter sérios efeitos sobre o custo ou a qualidade do trabalho. Uma localização mal considerada poderá até inviabilizar um empreendimento para a empreiteira (você), independentemente de qualquer consideração de ordem comercial. Desse ponto de vista, algumas ocorrências que podem comprometer a obra e elevar os custos a uma condição insustentável são as seguintes: o canteiro fica caro demais, a mão de obra é escassa e mal preparada, o terreno é muito acidentado, a logística é complicada, com acesso extremamente dificultoso, a área possui problemas de ordem legal, há a atuação de lideranças locais. Lembremo-nos de que a questão da análise da área como um fator isolado já foi considerada antes, embora o certo seja fazer esse estudo de uma vez só, principalmente quando se trata de empreendimentos fora da área urbana ou distantes de nossa base de trabalho. Uma última questão a ser considerada é o tamanho da microrregião a ser abrangida pelo estudo: vai depender basicamente do porte do empreendimento a ser desenvolvido, do número de funcionários previstos para o trabalho na obra, do volume de material a ser movimentado, do peso, do tamanho e do valor dos equipamentos a serem aplicados etc. Aqui entra novamente o bom senso, além, é claro, de alguma experiência no ramo. Esse tipo de trabalho,

4 | O planejamento com o orçamento, integrados

em caso de empreendimentos muito grandes, deve ser confiado a empresas especializadas e com o emprego de equipes multidisciplinares muito bem coordenadas, pois pode se tornar muito volumoso e complexo.

Disponibilidade de recursos

Aqui vamos fazer uma distinção para que fique bem claro do que estamos tratando. Não se trata de saber se o dono do empreendimento tem ou não dinheiro, mas sim quando ele o terá (de imediato, a médio ou a longo prazo) e como (de uma vez só ou em parcelas). Não adianta nada fazermos um planejamento considerando que o dinheiro já está todo disponível quando, na verdade, ele só começará a aparecer daqui a três meses. Aliás, a maioria dos planejamentos aqui no Brasil vai para o lixo por causa disso: faltou o dinheiro e a obra parou ou ficou se arrastando. Não que isso dê muita garantia, reconheço, pois vários empreendimentos, mormente os públicos, quando começam possuem o dinheiro, mas depois de algum tempo ele desaparece, é desviado para alguma emergência ou uma parcela fica retida em algum entrave burocrático ou político. Também desaparece por falha nas previsões de custo, orçamentos e projetos, e aí a falha, na verdade, é de planejamento. Por esse motivo insisti tanto nesses estudos preliminares: não adianta iniciar uma obra que não vai terminar por falta de verba. Isso depõe contra o bom senso e a boa técnica. Muitas vezes, os custos indiretos em função da localização, por exemplo, e não previstos no orçamento preliminar são tão altos que inviabilizam a execução. Ora, se o empreendimento não tem condições de ser executado pelo custo previsto, isso deve ser informado ao proprietário; é até uma questão de ética. Daí em diante a decisão é dele, e, se ele quiser prosseguir assim mesmo, então a gente o faz, com as devidas correções. Como profissionais, nossa obrigação é alertar o leigo sobre todos os problemas constatados, mas é ele quem decide.

A propósito de recursos ainda, é preciso considerar também os insumos ou recursos de mão de obra, materiais e equipamentos. É importante verificar a disponibilidade deles na região, pois isso também pode agravar sobremaneira os custos finais da obra: um equipamento que necessite vir de muito longe pode estourar o custo em um item e justificar, eventualmente, uma alteração no projeto. O mesmo vale para certos tipos de materiais que, por seu custo relativo em determinadas regiões, determinam radicais alterações no projeto e no sistema construtivo. Cabe mencionar aqui um projeto padrão de escola desenvolvido por um grupo de arquitetos para o Ministério da Educação e definido em concurso público, que valeria para todo o Brasil e deveria ser resistente, de simples manutenção e barato. O projeto vencedor previa a utilização de pedra como material básico, mas os primeiros lugares onde ele seria executado eram Rondônia e Acre, que quase não têm pedra. Isso

128 Guia da construção civil: do canteiro ao controle de qualidade

inviabilizou o projeto lá, pois a dita pedra teria que vir de Mato Grosso ou da Bolívia (importada!), o que a tornaria muito cara. No Rio Grande do Sul, no entanto, o projeto foi um sucesso e atingiu todas as expectativas.

Calendário

A época do ano pode ser muito importante, principalmente para obras de menor porte e que têm período de duração menor ou em torno de um ano. Iniciar uma obra com muito movimento de terra em época de chuvas pode ser desastroso. Da mesma forma, para determinadas regiões, executar serviços com elevada demanda de mão de obra em época de safra agrícola é jogar no insucesso da empreitada: além de não conseguir novos funcionários, ainda se corre o risco de perder os antigos ou ter que aumentar salários. De todo modo, se essa circunstância for inevitável, então ela deverá ser considerada no planejamento. Para essa parte do planejamento, é preciso elaborar um calendário para a obra, levando em conta todos os feriados nacionais, regionais e locais da região da obra. Não se esqueça de anotar festas locais, principalmente religiosas, e épocas de plantio e safra, além de outras considerações sazonais, políticas e até históricas da área de influência da obra.

4.4.2 Projeto

Aqui começamos a particularizar nosso planejamento e balizar o orçamento. Já estudamos detalhadamente o projeto, efetuamos correções, mais estudos, reuniões com projetistas etc. Agora vamos iniciar o planejamento e o orçamento de fato. Só que ainda temos que analisar alguns aspectos importantes relacionados com o projeto: as definições, as especificações e os tipos de orçamento.

Definições

Neste trabalho, definições são diretrizes básicas dadas pelo proprietário da obra, pela fiscalização ou pelo órgão público controlador. Cada um deles é independente do outro ou não. Se o proprietário decide que um determinado ambiente deve ter tais e tais medidas, se a fiscalização determina que os funcionários da empreiteira devem realizar exame médico antes de começar a trabalhar na obra, se a Prefeitura aponta que o recuo da obra deve ser de 4,00 m ou se as chamadas leis sociais obrigam a um dispêndio de 125,00% do salário pago a cada funcionário, estamos diante de definições. Caso você, como planejador ou gerenciador, determinar algum procedimento que provoque alguma repercussão na obra (custo), você também estará definindo providências.

4 | O planejamento com o orçamento, integrados

Especificações

Basicamente, significam o mesmo que definições, porém ditadas pelo projetista. A diferenciação é meramente semântica, feita apenas para diferenciar a origem dessas instruções. Como normalmente as especificações são codificadas, em maior número e mais consultadas, foram diferenciadas. De qualquer forma, elas devem ser analisadas de modo minucioso, pois eventualmente também podem elevar o custo, e em muito, com apenas algumas determinações despropositadas.

Orçamento

Já conversamos sobre base de dados, de modo que seguiremos em frente a partir daí. Existem na praça várias metodologias para elaborar um orçamento, e depende de cada um a escolha da que melhor se adapte a seu sistema de trabalho. Inclusive, existem os sistemas informatizados de orçamentos, que são mais adequados em nosso caso, pois todos eles (os mais modernos) executam tudo que apresentar na sequência. Pois bem, através de um desses sistemas chegamos ao orçamento analítico, que nada mais é do que o orçamento totalmente destrinchado, conforme o esquema da Fig. 4.1.

Item	Discriminação	Un	Quantidade	Valores				
				Mão de obra		Material		Total global
				Unitário	Total	Unitário	Total	
			Q	I	II (Q × I)	III	IV (Q × III)	V (II + IV)

Fig. 4.1 *Orçamento analítico*

Ele será extremamente útil para definir os custos da obra, as subempreitadas, os fornecimentos em etapas e os desdobramentos de serviços, entre outras possibilidades. Embora geralmente ocupe muito espaço, requerendo papéis grandes, é imprescindível para o acompanhamento da obra, principalmente na hora de lançar os custos de cada atividade.

O orçamento sintético já é mais compacto e serve para consultas rápidas e para o fornecimento de propostas. É o mais usado normalmente em quase todos os casos, mas implica um risco muito grande de erro. Nele, a coluna *valores* não é desdobrada em outras, fornecendo somente os valores unitários (mão de obra + material) e global.

Curva ABC

Para quem planeja e/ou gerencia uma obra, um dos pontos de maior valor no orçamento é a chamada curva ABC. Pode-se ter a curva ABC de mão de obra, de materiais, de insumos e do total global. Essa curva indica com muita clareza quais são os itens do orçamento que têm custos mais significativos na execução do empreendimento. Essa informação é essencial, pois, na hora de tomarmos decisões que envolvem custos, teremos uma visualização muito boa do que realmente é importante no contexto. Por exemplo, no caso de uma redução de 20,0% no custo de um item que representa 0,8% do valor total da obra, a economia será de 0,0016% desse valor; porém, se a redução for de 8,0% no custo de um item que representa 20,0% do valor total da obra, a economia atingirá a marca de 0,016%, ou seja, dez vezes mais. É exatamente isso que a curva ABC propicia: visualização dos custos mais significativos de uma obra para que se possa dar a eles a devida atenção, sem se preocupar grandemente com os outros de pouco valor relativo.

A curva ABC consiste em classificar os itens desejados com o valor em ordem decrescente; na coluna seguinte, indica-se o valor percentual daquele item e, na seguinte, o valor percentual acumulado. Observando essa planilha, constataremos, por exemplo, que, na grande maioria dos casos (nas obras médias), não mais de 40 insumos ou atividades representam cerca de 90% do valor total dos fornecimentos ou custos. Então, o que a curva ABC faz é exatamente isso: diz para você cuidar mais desses 40 itens porque a obra, assim, estará 90% sob controle. Só não se esqueça de que uma pequena peça, de valor quase desprezível, às vezes pode comprometer um cronograma inteiro, e por isso nunca deixe de cuidar de todas as atividades que estejam em sua linha de frente. Em tempo, embora seja nomeada curva ABC, normalmente ela é mais utilizada em forma de planilha, e não na forma gráfica. Coisa da obra!

Para um trabalho como esse que estamos desenvolvendo, mirando grande eficiência em grandes obras, será necessário um exemplo que mostre efetivamente, na prática, como as coisas funcionam ou deveriam funcionar! Então, vamos à nossa obra-modelo. Só que há uma pequena surpresa: como não dá para desenvolver aqui um projeto grande e muito complexo, trouxemos outro muito mais simples, mas que pode nos atender nessa contingência – uma caixa-d'água bem simplesinha. Apesar disso, ela contém elementos que podem atender com bastante eficiência a nossas necessidades.

Esse projeto, apresentado nas Figs. 4.2 e 4.3, não está muito detalhado, embora possa ser chamado de executivo. Na verdade, dada sua simplicidade, isso se torna desnecessário, mesmo porque ele não será executado e só servirá para fazer o planejamento e um orçamento-resumo.

4 | O planejamento com o orçamento, integrados

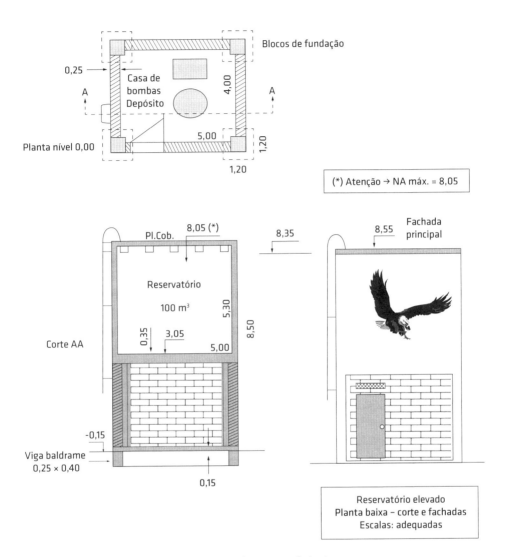

Fig. 4.2 *Planejamento com orçamento integrado – corte e fachadas*

Cronograma

Cronograma nada mais é do que uma representação gráfica e resumida do planejamento. Como se trata de um gráfico cartesiano de atividades × tempo, devemos ter as duas ordenadas bem definidas. A ordenada *tempo* já foi determinada antes: já fizemos nosso calendário com todas as observações, dias de trabalho e não trabalho, sábados, domingos, dias santos, feriados, feriadões (sejamos realistas!) e tudo o mais que possa eventualmente resultar numa interferência sobre a obra.

Guia da construção civil: do canteiro ao controle de qualidade

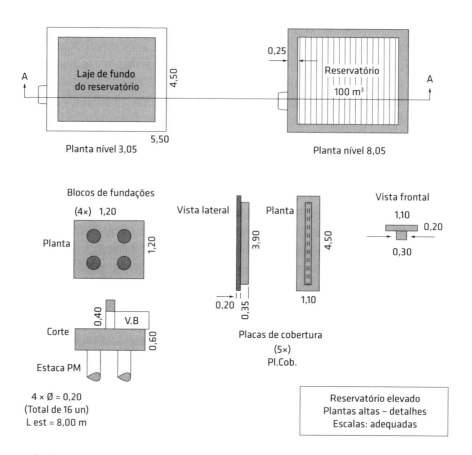

Fig. 4.3 *Planejamento com orçamento integrado – detalhes*

Vamos, então, tratar da ordenada *atividades*. Antes, uma observação sobre o orçamento: ele não tem atividades, mas itens, ou seja, na coluna *discriminação* estão relacionados itens, e não atividades. Esse detalhe é muito importante, pois, para fazer um cronograma executivo, isto é, aquele que efetivamente resulta do planejamento e do gerenciamento de uma obra, para o orçamento devemos fazer uma adaptação das atividades para itens e depois para atividades novamente. É assim mesmo, planejamento e orçamento são afinados em conjunto, e a gente vai e volta neles o tempo todo: se corrigiu o planejamento, tem que corrigir o orçamento. E vice-versa!

Voltando à questão de atividades × itens, a utilização direta de um e outro pode levar a algumas distorções praticamente insolúveis ao longo do empreendimento. Por exemplo, no orçamento, o item *estrutura* de maneira geral é discriminado uma

4 | O planejamento com o orçamento, integrados

única vez, mas nós sabemos muito bem que as estruturas são executadas em etapas e com várias outras atividades entre elas. Então, como vamos saber em que ponto da atividade *estrutura* devemos interrompê-la para iniciar outras e depois voltar a trabalhar nela? Sentimento e experiência não têm grande significado aqui, precisa-se de uma data! Interromper a barra – no caso de um cronograma de Gantt – e reiniciá-la depois só causa confusão, pois todos estão acostumados a ler de cima para baixo, sem ter que voltar para cima, ou seja, o que já foi feito está pronto e nós não voltamos mais lá. Nesse caso, o melhor é desdobrar a atividade *estrutura* em várias subatividades: *estrutura fase 1, estrutura fase 2, estrutura fase 3* etc., ou então, melhor ainda, *blocos e baldrames, pilares do térreo, vigas e lajes do 1° nível, pilares do 1° nível* etc. Por outro lado, pode ser muito mais interessante que itens discriminados desdobrados no orçamento estejam agrupados no cronograma. Por exemplo, no orçamento, o item *revestimento de sanitários e cozinhas* normalmente é subdividido nos subitens *chapisco, emboço* e *assentamento de azulejos* (às vezes até *rejunte*!), o que é um número muito grande de atividades para um grupo de trabalhos feitos em sequência, sem atividades intermediárias e praticamente de uma só vez. É muito mais razoável agruparmos as três em uma só: *revestimento com azulejos*. Veja bem, num cronograma, quanto menos atividades tivermos, mais claro e fácil será acompanhá-lo. Por outro lado, ele se tornará pouco indicativo se o diminuirmos demais. O ideal é obter o máximo de indicação com o mínimo de complicação.

Fácil, né? Pois bem, a virtude está no meio-termo (alguém já disse isso)! Vamos procurar seguir a seguinte regrinha: *agrupar o que for possível e desdobrar o que for impossível*. Assim, quando se tratar de atividades correlatas e sem intermediárias, agrupamos; no caso de atividades únicas que se estendam por um tempo maior e que exijam atividades intermediárias para poderem prosseguir, desdobramos. Outro fator a ser considerado é o valor da atividade. É o velho poder do dinheiro: atividade cara, desdobra; atividade barata, agrupa. Por exemplo: a atividade *estrutura de concreto* pode e muitas vezes deve ser desdobrada em *armação, forma, lançamento de concreto* e *cura*. O custo de cada subitem separadamente pode determinar esse desdobramento. Já no caso dos itens *alvenaria de 1 tijolo* e *alvenaria de ½ tijolo*, se não houver quantidades muito significativas para cada um deles, o que implica custo, poderão tranquilamente ser agrupados como *alvenaria*. Atenção: nesse exemplo não estou considerando, evidentemente, quaisquer razões de ordem técnica que indiquem o contrário, ou seja, que esse desdobramento possa ser importante por um detalhe particular qualquer. Estamos tratando aqui, por enquanto, de casos gerais. É claro que, no orçamento, o item *alvenaria de 1 tijolo* deve estar separado do item *alvenaria de ½ tijolo*, pois o custo unitário de cada um deles em função da área é diferente, mas no cronograma isso não terá quase nenhum significado.

Agora que já estamos acertados quanto à regra do *agrupa/desdobra*, podemos prosseguir: a partir do orçamento, adaptamos os itens em atividades e as ordenamos na ordem sequencial de execução. Passamos, então, a analisar cada uma delas separadamente das outras, ou seja, não interessa o que se faça antes ou depois dela, só ela nos interessa. Não devemos nos esquecer, no entanto, do contexto em que ela está colocada, ou seja, nossas bases de trabalho (o tal do tripé): condições físicas, disponibilidade de recursos e calendário. É claro que o projeto também deve ser considerado, porém mais como local do que como um fator de grande determinação. Veja bem por quê: assentar uma esquadria de alumínio para boxe num prédio é a mesma coisa no primeiro andar ou no vigésimo, afora o fato de ter que se transportar o material e a mão de obra por 19 andares de diferença. Por outro lado, chumbar um pino a 30 m de altura numa parede externa cega, em concreto, deve ser considerado com todo o seu grau de dificuldade e será expresso já na nomeação da atividade: *chumbamento de pino externo a 30 m de altura*. Esse fato ficará mais caracterizado ainda na determinação da duração e na alocação de recursos para executar a atividade: torre, balancim, guindaste etc., conforme a solução que tivermos para o caso. O mesmo pino na mesma parede, só que no andar térreo, certamente é muito mais barato!

Nossa análise deve basicamente determinar dois elementos: a duração da atividade e os recursos ou insumos operacionais que deverão ser alocados para que se possa executar a atividade naquele tempo. É, na realidade, um jogo de armar: mais recursos podem significar menor duração, mas nem sempre, às vezes é até pior. É preciso balancear bem esses fatores, sem esquecer que, no primeiro orçamento, já fizemos uma previsão, que deve ser respeitada ou pelo menos considerada.

A alocação de equipamentos geralmente é mais fácil, e a grande complicação fica por conta da mão de obra e da duração da atividade. Para auxiliar um pouco nessa tarefa, existe uma tabelinha que pode ser utilizada (Fig. 4.4), mas que só fornece dados para casos gerais: antes de ser adotado o número, ele deve ser analisado à luz de nossas bases de trabalho, do contrário pode sair bobagem.

Essa planilha funciona assim: copiamos (ou exportamos, caso usemos a informática) cada item do orçamento da coluna 1 até a coluna *quantidade* (aqui, Q vira a coluna A); da base de dados ou da composição de custos unitários (CCU), extraímos a informação de composição de mão de obra, colocando na coluna B os nomes das funções (pedreiro, carpinteiro etc.) e, na C, o valor respectivo do índice; na coluna D, colocamos o resultado do produto da quantidade pela produtividade (A × C) – esse valor indica a duração da atividade em horas (executada por uma unidade de cada recurso); na coluna E escrevemos o número máximo de recursos (quantos funcionários de cada função) de que dispomos ou queremos dispor para aquela atividade; na coluna F colocamos o resultado da divisão da duração para a

4 | O planejamento com o orçamento, integrados

unidade pelo número de unidades de recurso (D/E), que é a duração de cada atividade em horas. Para obter o resultado em dias, dividimos o maior valor da coluna F pelo número de horas trabalhadas ao dia (8, 9 etc.).

Item	Discriminação	Un	Quantidade	Recurso	Produtividade mão de obra	Duração	Disponibilidade	Duração da atividade
1	2	3	A	B	C (CCU)	D	E (A × C)	F (D/E)

Fig. 4.4 *Definição de recursos e durações*

Assim: cada atividade exige um determinado número de profissionais de várias especialidades ou profissões (funções), conforme foi obtido da composição de custos unitários (CCU); para cada profissional sairá um valor para a duração da atividade, que significa que aquele profissional terá que trabalhar um determinado número de horas para executá-la; o profissional que necessitar do maior número de horas determinará a duração total da atividade, e aí você poderá dividir esse valor pelo número de horas trabalhadas por dia para saber quantos dias serão necessários para executar aquela atividade. Como os outros profissionais trabalham simultaneamente ou em colaboração, não tem significado em termos de cronograma a soma das horas obtidas na coluna F. Eventualmente, caso uma atividade seja precedente à outra, seria necessária não propriamente a soma, mas sim uma composição entre elas (esboce um minicronograma!). Mas, em termos de custo, sim, os valores podem ser somados, desde que multiplicados pelos valores das respectivas remunerações, com todos os acréscimos.

É evidente que tudo isso exige muito trabalho, porém algumas coisas podem ser simplificadas: alguns itens são muito claros e conhecidos e dispensam o uso da tabela. Utilize-a somente para os itens mais complicados e caros ou desconhecidos, onde sua prática for menor. Para evitar confusões, use uma tabela para cada atividade, ou então separe muito bem uma atividade da outra. Outro ponto deve ser considerado: nunca deixe de analisar, à luz de sua experiência ou da de outro(s) técnico(s), preferencialmente o residente, o resultado dado pela tabela: ela fala em casos gerais, mas cabe a você analisar as particularidades de cada serviço em sua obra. Lembre-se de que seu serviço é diferente de todos os outros executados até o momento em todo o mundo! Outros pontos também podem merecer uma análise mais detalhada e cuidadosa, como a continuidade do serviço (pode ser executado de uma vez só?), a disponibilidade de materiais, a necessidade de uma supervisão externa e por aí vai, são muitas as dúvidas que podem surgir.

Com essa tabela fica mais fácil dimensionar a duração e a quantidade de pessoas a serem alocadas, mas, repito e insisto, cada item deve ser analisado considerando-se as bases de trabalho daquela obra, e isso realmente requer prática. Nessa hora deve estar presente também o residente da obra (engenheiro, mestre, técnico ou seja lá quem for que vai conduzir a obra no campo; se for você mesmo, chame seu auxiliar imediato: duas cabeças pensam melhor que uma). Esse procedimento de trabalhar em equipe ajuda a evitar alguns erros grosseiros por distração e ao mesmo tempo estabelece a parceria ou cumplicidade entre os envolvidos no processo: se houver algum problema, todos terão interesse em encontrar a solução, pois todos são parceiros (ou cúmplices!).

Ainda uma coisinha: nesses casos estávamos trabalhando com itens. A conversão para atividades deve ser feita nesse processo: analisamos item por item da planilha e, a lápis mesmo, vamos anotando o que deve ser desdobrado e o que deve ser agrupado. Se necessário, trazemos a atividade resultante para a tabela. Nomeamos as atividades resultantes e vamos em frente, agora trabalhando só com atividades.

Duração das atividades

Aqui, chegamos a um ponto crucial para o cronograma. A tabela indicada na seção anterior (Fig. 4.4) ajuda, mas não resolve plenamente o problema, pois depende de uma avaliação posterior em função de nossa base de trabalho. Feita essa avaliação, atividade por atividade, temos que olhar agora para o conjunto de todas elas, principalmente as que deverão ser executadas num mesmo período ou espaço de tempo, pois uma pode ajudar ou atrapalhar a outra, o que pode reduzir ou aumentar sua duração. Assim, o melhor é montar o cronograma provisório (que já estava esboçado, lembra?), pois ele nos dará uma visão global do que está acontecendo. Para isso, devemos estabelecer as precedências, ou seja, determinar o que vem antes do que e o quanto. Por exemplo: não podemos iniciar o levantamento de uma parede de alvenaria enquanto a viga sobre a qual ela se apoia não estiver pronta. Nesse caso, a viga é uma atividade precedente em relação à parede de alvenaria. Mas são várias vigas e várias paredes, e não precisamos terminar todas as vigas para só então iniciar o levantamento das paredes: podemos perfeitamente começar a levantar paredes tão logo as primeiras vigas fiquem prontas e nos deem condição de trabalho. É só determinar em quanto tempo, desde que iniciamos as vigas, elas nos darão essa condição e teremos uma precedência com sobreposição. Prosseguimos montando nosso cronograma, um simples cronograma de barras (Gantt), também considerando as precedências com sobreposições de atividades. Se tivermos sorte, nosso anjo da guarda entender um pouco do assunto e não errarmos em nada sério, a expectativa é de que o término previsto da obra ocorra em cerca de dois ou três

4 | O planejamento com o orçamento, integrados

meses, talvez até mais, depois da data prevista no contrato. Isso é assim mesmo. Agora teremos que reestudar o cronograma, atividade por atividade, sem esquecer o conjunto delas, de forma a podermos efetuar as correções dos tempos e acertar o prazo para o mais próximo possível do real (não o contratual, esse é mais tarde).

Para isso, teremos que trabalhar primeiro nas atividades críticas, ou seja, aquelas cuja folga é zero e que, se atrasarem, fatalmente atrasarão o empreendimento todo. Atenção para isso: folga é o prazo de tempo que cada atividade tem para se atrasar sem que provoque atraso em sua atividade sucessora (ou da qual é predecessora). Quando essa folga é zero, ou seja, ela não tem prazo de tempo nenhum para se atrasar, então é chamada de *atividade crítica*. Muito bem, mexemos nas durações e precedências dessas atividades críticas e descobrimos, de repente, que elas deixaram de ser críticas e outras assumiram essa condição. Só nos resta então o caminho de seguir atrás e mexer na atividade crítica atual, pois, se continuássemos a reduzir o tempo na atividade que deixou de ser crítica, não haveria mais redução do prazo.

Outro aspecto a ser considerado é a questão dos recursos alocados para a obra, que, eventualmente, poderão estar em desacordo com a realidade dos fatos. Vamos falar sobre isso agora.

Alocação de recursos

Nesse contexto, estamos nos referindo a todos os tipos de recursos envolvidos no processo, inclusive mão de obra, equipamentos e dinheiro (verba). Todos os processos construtivos requerem verba para serem executados, e esse dinheiro é empregado em material, equipamentos, mão de obra, serviços etc. Nós já sabemos: devemos sempre adotar processos mais rápidos, mais qualitativos e mais baratos (lembre-se da lei da tripla impossibilidade!!!); só que nem sempre a verba colocada à disposição está de acordo com isso, para o que a qualidade já cai bastante e o tempo fica muito alto, jogando o prazo às baratas. Como já disse, trata-se de um jogo de armar: aumentar os recursos e apressar outro tanto os serviços é, sem dúvida, a solução preconizada por nove entre dez residentes. Pode ser, mas nem sempre: mudar o processo construtivo às vezes é muito melhor; embora esse novo processo possa ser mais caro, ganha-se em tempo, e o resultado econômico-financeiro pode ser melhor. Precisamos analisar todos os lados e considerar processos novos que, embora aparentem ser mais caros, possam resultar em economia de tempo e dinheiro.

Quer um exemplo? Pois não! Imagine que temos que fazer uma escavação com 5 m de profundidade. As dimensões aproximadas, inclusive *off set* (projeção da área a ser escavada, incluindo taludes, se tiver), são de 10 m × 15 m, e o volume total medido no corte é de 750 m³. Temos então duas opções. A primeira e mais barata é usarmos uma retroescavadeira pequena, de nossa propriedade, e realizarmos a escavação em duas etapas, com 2,5 m de profundidade aproximada cada uma. Duração: 15 dias. A segunda e mais cara é alugarmos uma máquina grande e fazermos toda a escavação de uma vez só. Duração: seis dias. Agora é analisar se os nove dias que ganharíamos compensam o custo adicional da segunda opção.

Existe um problema também, que é mais sério ainda: o da indisponibilidade de recursos, com a falta de equipamentos, mão de obra e até dinheiro. Nesse caso, é preciso usar a criatividade, pois estamos num período muito delicado e numa situação que afeta um grande número de obras. Se aumentarmos os recursos, o custo aumenta e, mesmo que às vezes isso só ocorra num primeiro momento, pode inviabilizar a obra. Se diminuirmos ou conservarmos os recursos, conforme previsto inicialmente, a obra estoura o prazo e o custo final pode ir para o espaço. A solução será, como já dissemos, a criatividade e a imaginação associadas a muito trabalho. Quanto à criatividade e à imaginação, deixo por conta de vocês, mas, quanto ao trabalho, podemos fazer algumas sugestões: reanalise atividade por atividade considerando em cada uma delas a duração (pode diminuir?), a precedência (pode alterar, sobrepor ou dispensar?) e os recursos (pode diminuir, remanejar ou trocar um tipo caro por dois mais baratos, ou vice-versa?). Isso se chama replanejamento!

Muito bem, terminou? Faça tudo de novo, repita, pois agora você já melhorou sua capacidade de visualização do problema e vai constatar que muitas coisas lhe haviam passado desapercebidas na primeira olhada. Se tiver qualquer dúvida, repita ainda mais uma vez a operação. Só pare quando estiver seguro de que esgotou todas as medidas. Refaça então o cronograma e você verá que conseguiu reduzir substancialmente o tempo e consequentemente o prazo: agora você está bem próximo do real. Se ainda assim não atingiu sua meta, ou você muda o processo, ou aloca mais recursos, ou parte para a briga: diminui os prazos e sai atrás deles na luta. Aí só vale sua garra!

4.4.3 Trabalhando com informática

Até aqui tratei de todos os assuntos de maneira absolutamente tradicional, de forma que mesmo quem não tivesse a mínima noção de informática poderia executar um trabalho desses. Daqui para a frente a situação vai ter que mudar um pouco, pois não há muito sentido em executar orçamento, gerenciamento ou planejamento de empreendimentos, hoje em dia, sem a utilização de um computador, a menos que sejam obras muito pequenas (mas muito pequenas mesmo). Assim sendo, vamos fazer uma pequena revisão dos últimos itens de modo a adequá-los à nova condição.

Neste livro, não vamos indicar nenhum *software* específico, pois qualquer um deles pode ser utilizado com resultados equivalentes. Inclusive, se você dispuser de

4 | O planejamento com o orçamento, integrados

uma base de dados confiável em Excel ou outra planilha eletrônica, poderá usá-la tranquilamente. É só ter um pouco de prática nessa arte.

Não faz parte do escopo deste trabalho o processo de execução detalhada do planejamento. Para tanto, o processo utilizado para elaborá-lo pode ser manual ou informatizado: aqui só nos interessa a orientação básica que ele nos dá. Há *softwares* integrados que permitem a passagem direta do orçamento para o cronograma e vice-versa, mas, a meu ver, essa prática não é aconselhável. Isso porque, como já comentado antes, orçamento possui item, e não atividade, e para fazer a conversão devemos digitar tudo novamente, analisando cuidadosamente item por item, agrupando e desdobrando cada atividade/item de acordo com nosso critério.

O importante no caso do emprego da informática é que os dados sejam o mais exatos possível: a informática tem a capacidade de potencializar os resultados, seja para o bem, seja para o mal. Assim, se você forneceu todos os dados corretamente, na ordem adequada e com a base de dados correta, seu cronograma poderá dar certo e sair absolutamente adequado. Cá entre nós, isso é muito difícil de ocorrer de primeira, geralmente requer algumas tentativas, ajustes, desdobramentos ou agrupamentos adicionais etc. até que dê certo. Beleza!

Agora, se você cometeu algum engano, por pequeno que seja, o resultado pode ser uma monstruosidade! O computador (ou o *software*) não perdoa, pois não entra no mérito de suas informações, mesmo que sejam absurdas. E tem mais, na maioria das vezes ele também não lhe informa onde está o erro. Vai daí que é bom você adquirir prática no manejo do *software*, mesmo que seja simplesinho, para evitar surpresas. E sabe o que é pior que um grande erro? Um pequeno erro! O grande erro você percebe logo de cara, pois chama a atenção e normalmente tem uma origem bem "qualificada". Já o pequeno erro às vezes você nem percebe, e ele só aparece em um momento crítico e o pega desprevenido. Aí você pode adotar a prática do "não vi, não tem importância, não vai ter consequência"! Por conta disso, sempre que possível procure estabelecer parâmetros de conferência e verificação e fique atento. Ah, manter uma boa relação com seu anjo da guarda também pode ajudar!

4.5 Orçamento básico

Chamamos de *orçamento básico* aquele que, feito a partir de um estudo preliminar minucioso (como o descrito nas seções 4.2, 4.3 e 4.4), serve de base para o planejamento e para toda a obra, até seu final, sem alterações. Sim, eu já sei, você discorda dessa expressão "sem alterações", mas é a pura verdade: se você fez o planejamento básico antes ou em conjunto com o orçamento, com certeza ele vai servir até o final da obra.

Mas se o orçamento básico não pode ser alterado, como podemos fazer para inserir novos serviços e realizar modificações de projeto, coisas quase que inevitáveis de ocorrer numa obra normal? Muito simples: complementando, não alterando! Está estranho ainda? Eu explico: o orçamento básico é um só do começo ao fim da obra; o(s) orçamento(s) complementar(es) refere(m)-se a modificações do projeto (acréscimo, decréscimo ou alteração) ou inserções de serviços adicionais, não previstos originalmente, por falhas das considerações preliminares ou modificação das situações consideradas anteriormente, por acidentes, chuvas excepcionais ou outra eventualidade desse tipo.

Por que isso? Muito simples: o orçamento básico é um de seus marcos de referência durante a obra e servirá para você fazer o controle dela. Lembra-se disso? Já falamos a respeito: juntamente com o planejamento básico, é ele que ajudará você a manter a obra nos trilhos em termos de custo e de prazo. Ele deve ser sua "Bíblia" na obra ao longo de toda a sua duração. Ainda falaremos sobre isso mais adiante.

4.5.1 Novamente as bases de dados

Já falamos bastante sobre esse assunto, mas vamos fazer uma pequena complementação. Deixei para falar sobre isso agora porque é um ponto que merece um destaque maior. Como já disse, podemos adotar aqui a Tabela de Composição de Preços para Orçamentos (TCPO), em sua versão última. A versão dessa tabela (ou de qualquer outra) em si não tem significado relevante, mesmo porque não vamos efetivamente extrair dados dela. O que importa realmente é o seguinte:

A TCPO (ou outra) não foi feita para você nem para sua obra!

Ela foi feita para um construtor e uma obra que na verdade não existem; um construtor ideal, numa cidade ideal de um país ideal, e uma obra padrão, uma obra média, uma obra virtual. Nessas condições, é fundamental que analisemos, como técnicos que somos, a validade das composições ali apresentadas. Como fazer isso? Na verdade, não é nem um pouco simples, pois requer uma coisa que só se adquire com o tempo e o trabalho contínuo na frente de serviço: experiência! Por isso é que sugiro sempre que se trabalhe em equipe, com as pessoas que vão "tocar" a obra, desde que elas atendam ao pré-requisito citado, a experiência. Mais uma coisa: essa impropriedade vale para toda e qualquer tabela de composição de preços ou custos, seja ela qual for, venha de onde vier!

Mas analisar item por item pode se transformar em um trabalho insano e demorado que pode não compensar. Como resolver o problema? Tal como dito na seção "Curva ABC" (pp. 130 e 168), verifique somente aquelas composições que

4 | O planejamento com o orçamento, integrados

atinjam entre 80% e 90% do custo da obra. As outras, mesmo que estejam erradas (para você), não terão grande significado no custo final. Porém, nunca deixe de verificar qualquer item que atinja sozinho mais que 5% do valor total da obra, mesmo que ele esteja fora dos 80% ou 90% definidos na curva ABC (coisa rara): valores excepcionais merecem atitudes excepcionais!

Outro ponto a ser lembrado é que, durante o levantamento quantitativo, se você tiver a base de dados (a TCPO, por exemplo) à mão, ela vai ajudá-lo a fazer esse levantamento nas unidades e nos quantitativos corretos. Quer um exemplo? Alvenaria se quantifica em metros quadrados, certo? Nem sempre, para demolição é em metros cúbicos, e o mesmo ocorre para alvenaria de embasamento. Para não perder tempo, é importante ter uma exata noção desse tipo de coisa, entre outras mais.

Quantitativos: levantamentos e elementos básicos

Atualmente, com o advento dos projetos em CAD, muito desse trabalho braçal e insano – a pior parte do serviço, segundo alguns – já pode ser delegado à máquina, deixando-nos livres para atividades mais produtivas. É, isso é verdade em parte, mas infelizmente ainda sobra muito daquele trabalhinho para nós: os programas ainda não aprenderam a quantificar certos detalhes (às vezes nem a gente consegue!), ainda não aprenderam a diferenciar certas especificações que os projetistas nos apresentam etc. Resultado: temos que "botar a mão na massa" de qualquer maneira. Tudo bem, já que não tem remédio, remediado está, como dizia minha avó. É tocar em frente: escala, esquadro, papel de rascunho, papel quadriculado, máquina de calcular, computador com o *software* (importante, mas não fundamental), lápis e muita disposição. Ânimo, não vai ser tão difícil nem tão chato assim, afinal você já estudou bem o projeto, esteve no local e visualizou a construção, agora é lançar tudo isso no papel. Aliás, essa é outra grande diferença para o CAD: ele até conhece o projeto, mas não esteve no local nem visualizou a construção. Assim, procure seguir alguns padrões que facilitarão sua vida:

1. ordem;
2. método;
3. critério.

Por incrível que pareça, a falta de um desses padrões resulta, quase sempre, em muito trabalho. Só que isso é como conselho, não se dá, aprende-se. Para ajudar quem não aprendeu ainda, vou dar algumas dicas:

- Se possível, siga a ordem da TCPO (ou outra base de dados) nessa etapa e conserve sua itemização também, para facilitar revisões e correções.

- No papel de rascunho, faça à mão livre pequenos croquis das peças mais complexas a serem quantificadas, cote-as, e sempre escreva ali o item referido (identifique para não esquecer).
- Faça a memória dos cálculos, discriminando as contas e as operações efetuadas.
- Adote sempre um mesmo critério na ordem de lançamento dos dados e das medidas no papel. Por exemplo: 1 – comprimento; 2 – largura; 3 – altura. Isso facilitará muito a revisão.
- Termine um item de serviço inteiro, ou uma peça completa, antes de lançar os dados no computador, mas nunca deixe para lançar todo o orçamento de uma vez só no fim: você poderá esquecer, confundir-se e cometer erros. Assim, trabalhe durante algumas horas (duas a três, meio dia no máximo) e lance os dados no computador.
- Destaque os quantitativos finais resultantes com cores ou sublinhados.
- Muita atenção com as unidades: anote cuidadosamente nas composições suas unidades, faça as operações aritméticas e depois as repita com as unidades (análise dimensional) para chegar à unidade resultante. Um erro aqui e você terá a experiência da potencialização do erro que o computador propicia.
- Não coloque valores em dinheiro nesse memorial, deixe isso para o computador. Se você precisar efetuar alguma memória que envolva dinheiro, use um papel à parte e monte uma tabela de preços.

Um último lembrete: numere as folhas ou use um caderno. Facilita muito!

4.5.2 *Softwares*

Existem no mercado inúmeros programas destinados à orçamentação de obras. Alguns são bastante complexos e, além de fazer o orçamento, propõem-se a programar também, elaborando cronogramas, histogramas de material, PERT etc. Há desde *softwares* que realizam a elaboração pura e simples de um orçamento até sistemas integrados com a empresa, elaborando requisições de materiais, autorizações de pagamentos e relatórios de não conformidade e até emitindo cheques. Não faz parte do escopo deste trabalho uma análise deles, de modo que faremos apenas considerações genéricas sobre o assunto.

O *software* ideal deve ser leve e fácil de operar (amigável), além de dispor de uma base de dados bastante completa e que possa ser ajustada e/ou atualizada a qualquer momento. Também deve ser conectado à internet para poder receber diretamente atualizações e dados do projeto, bem como transmitir e fornecer esses e outros dados, sendo capaz, enfim, de trabalhar em rede interna ou externa.

4 | O planejamento com o orçamento, integrados

Como nosso objetivo não é aprender a operar *softwares*, vamos trabalhar com um programa hipotético, bastante abrangente e que já vem com uma base de dados incorporada, nos moldes da TCPO, com quem será compatível. Ele aceita qualquer ajuste ou alteração nessas bases e também em todos os seus parâmetros pré-definidos, o que o torna muito flexível, além de ter facílima operação. Torna-se, dessa forma, bastante adequado para nossos objetivos, não nos tomando tempo com aprendizado.

Apenas uma consideração: se não dispõe de um programa desse tipo, você pode montar um sistema de orçamento empregando planilhas do tipo Excel. É evidente que dará mais trabalho, mas, em compensação, você será obrigado a se aprofundar mais no projeto, o que poderá ser muito bom na hora de entender a obra.

4.5.3 Lançando os dados no orçamento: ajuste e fechamento

Temos os quantitativos e já podemos lançar os dados, seguindo os elementos fornecidos pela TCPO ou pelo *software*. Isso se torna bastante simples se já tivermos ajustado as bases de dados, porém, eventualmente, poderemos não encontrar algum item de que precisamos. Essa situação pode ocorrer por dois motivos: seu serviço é mais peculiar que aquela obra para a qual a TCPO foi feita ou seu serviço é uma variação de um já existente. Solução: no primeiro caso, criar uma base de dados pelo processo já descrito na seção 4.2.4; no segundo caso, fazer uma adaptação a partir do serviço sem variação.

Isso pode exigir algum trabalho, conforme o caso. Uma sugestão: se for um item de valor muito pequeno, não perca muito tempo – adapte-o ou aproxime-o e analise o resultado. Se o valor for mais significativo, faça assim mesmo a adaptação, agora com mais cuidado, e siga com o orçamento. Se na hora da curva ABC ele estiver no segmento dos 80%, volte e analise bem, verifique se compensa fazer um estudo de campo. Agora, se as quantidades envolvidas forem muito grandes e o valor for muito alto, não tenha dúvida: ensaio de campo, testes etc. (ver seção 1.2). Vale também uma consulta na internet; vai que alguém já passou por isso, fez a composição de preço e possa fornecê-la. Agora, cá entre nós, é difícil que um serviço que custa caro e está "bem colocado" na curva ABC não conste das principais bases de dados disponíveis no mercado. Só se for algo muito peculiar e original. Ou que, em seu caso, seja num volume muito grande.

Os dados foram todos lançados. Fechamos então o orçamento e vamos conferir o valor: ótimo, pelo preço final, se for uma concorrência, nós ganharemos o... último lugar! E agora?

Não faz mal, por enquanto. Vamos elaborar agora a curva ABC, conforme manda o figurino. O próprio *software* tem recursos para isso, mas eventualmente poderemos querê-la de uma maneira, digamos, mais pessoal. Para isso, é possível usar uma planilha do tipo Excel, tornando relativamente fácil esse trabalho. Aqui vamos usar o recurso do *software*.

Agora voltamos a revisar todo o orçamento, começando sempre pelos valores mais significativos, conforme discriminado na curva ABC. Vamos analisando, de cima para baixo, item por item dentro da faixa dos 80%. Se até aí não conseguirmos uma redução significativa, então só nos restará verificar os quantitativos. Se o preço ainda estiver muito alto, tente revisar os preços que você adotou: procure seus fornecedores e negocie, busque fornecedores alternativos, "corra" o mercado. São esses os pontos que você tem como base para seu orçamento: quantitativos, preços e volume de fornecimento, além de prazos de fornecimento. Um conselho: sempre que possível, procure adotar os preços unitários mais altos do mercado, desde que o valor final do orçamento seja competitivo. Portanto, faça um balanceamento. Isso vai dar-lhe condições de fornecer descontos na venda e realizar ajustes na hora de executar. Dessa forma, se você tiver problemas na obra (e quem não tem?), terá uma folga para se ajustar! Ou seja, evite pechinchar preços com fornecedores ao elaborar o orçamento de venda; faça isso apenas na hora de executar a obra, na hora de efetivar a compra. Em resumo, venda e execute pelos melhores preços (para você!).

Fora disso, só resta trabalhar em cima de composições. Não estou dizendo que você deve alterá-las, mas eventualmente utilizar outra metodologia de trabalho, empregando outras composições mais em conta, sem, no entanto, perder a qualidade. Use a criatividade e descubra se não há uma maneira mais barata de fazer aquele serviço.

Pronto, o orçamento está fechado e ajustado. Podemos ir para casa, certo? Claro que não, ainda temos que conferir nosso planejamento, aquele que fizemos antes para servir de base para nosso orçamento. Isso será abordado na seção 4.6 a seguir: vamos replanejar o que já foi planejado para elaborar o orçamento. E ajustar o orçamento final.

4.5.4 Curva ABC de novo

A curva ABC normalmente é obtida a partir dos valores totais de cada item classificados em ordem decrescente e, à frente, sua participação percentual em valores acumulados, também em ordem decrescente. No entanto, podemos utilizar outros valores para explorar melhor esse recurso: mão de obra, material, quantidades e até valores unitários de mão de obra e material. Evidentemente nem todas essas curvas servem para analisar custos; algumas ajudam a definir fluxos de material, qualificação de fornecedores etc. Cada um vai utilizá-la de acordo com suas necessidades, à medida que descobrir suas utilidades. Alguns *softwares*, no entanto, não oferecem muita facilidade para essas opções, e a solução (caseira) é a planilha eletrônica do tipo Excel. Com ela, você poderá escolher a coluna que quiser usar para classificar o orçamento em ordem decrescente – poderá ter quantas curvas ABC forem possíveis!

4.6 Replanejando

4.6.1 Cronograma: atividades

O orçamento está elaborado, e vamos agora fazer nosso cronograma executivo, de forma a garantir que os prazos estejam de acordo com o que previmos no início do estudo.

Usando a tabela apresentada na Fig. 4.4, vamos lançar os itens e as quantidades, definir os recursos, a produtividade e a duração, agrupar e desdobrar, e, por fim, definida a disponibilidade, estabelecer a duração da atividade resultante. Observe que entrei com itens e saí com atividade, pronta para entrar no cronograma. Agora ela pode ser devolvida para o computador, em um programa de planejamento. Pode ser qualquer um, dos mais simples aos mais complicados, como MS Project, Sure Trak, Superproject, Timeline (leves), Primavera, Open Plan, Artemis ou Arco Plus (pesados), entre os mais conhecidos. Por estar fora do escopo deste livro, não entraremos em detalhes sobre os *softwares* referidos, mas mais adiante faremos algumas considerações sobre os cronogramas e as redes de precedência.

Lançadas as atividades e seus prazos, teremos prazos parciais e um prazo final para a execução da obra. Agora, já que predefinimos uma série de recursos a serem empregados na obra, devemos conferir se o resultado final está de acordo com o previsto.

4.6.2 Duração das atividades: ponto crucial!

O primeiro ponto a ser verificado é a duração individual de cada atividade: como já disse antes, a tabela se baseia na base de dados, e ela não foi feita para sua obra. Você conhece sua obra, o cidadão que elaborou a base de dados não; analise e veja se está coerente com o que sua experiência lhe diz. Consulte o residente e ajuste os prazos de execução de cada atividade, de forma a torná-las coerentes. Mas seja realista e não faça poesia, que rima, mas não combina com engenharia!

A partir daí, faça um segundo ajuste: a sobreposição de atividades. Ou seja, defina com grande atenção quanto tempo depois de uma atividade se iniciar (ou terminar, conforme o caso) pode(m) ser iniciada(s) a(s) atividade(s) que ela precede. Os modelos dessa situação serão vistos no final deste capítulo, num exemplo da obra que adotamos.

Agora remontamos o cronograma e poderemos analisar se o desempenho está de acordo com o que previmos no início. Com toda a certeza não estará, mas talvez a diferença não seja muito grande e possa ser acertada pelo ajuste das precedências ou da duração das atividades do caminho crítico. Caso contrário, vamos ao ponto mais complexo do processo: o ajuste dos recursos.

Guia da construção civil: do canteiro ao controle de qualidade

4.6.3 Alocação de recursos: custo × disponibilidade

Chegamos a um ponto delicado da relação custo-prazo: fizemos uma previsão de recursos insuficiente para terminar a obra no prazo estipulado e agora temos que efetuar a correção. Mas isso nem sempre é ruim e pode refletir-se num aumento ou numa redução de custos, a depender de como os ajustes possam ser feitos, se poderemos aproveitar esses recursos adicionais em outras atividades também críticas (melhor) ou em atividades com folga (não tão bom) ou se teremos que dispor deles de alguma forma (mau). O quanto mais conseguirmos a primeira hipótese, mais as condições de custo da obra melhorarão, piorando na segunda e complicando muito na terceira. Em função desse estudo, muitas vezes temos que voltar e alterar o orçamento em função da variação de custo dos insumos provocada pelo aumento da quantidade deles a ser mobilizada para manter o prazo. Aí teremos que repetir o processo de ajuste até que tudo se equilibre.

4.7 Cronogramas Gantt, PERT e CPM

Vamos fazer uma pequena revisão de nossos conhecimentos sobre esses cronogramas e o que significam.

4.7.1 Cronograma de Gantt ou de barras

É o mais simples e, a meu ver, o mais adequado para planejamento e controle de obras. Consiste basicamente em representar o tempo necessário para desenvolver uma determinada atividade através de uma barra dentro de um gráfico cartesiano tempo × atividade. Nessas condições, o início e o fim das atividades serão definidos pelos extremos das barras, ficando bastante visíveis as sobreposições de uma sobre a outra. Podemos também, em vez de barras ou mesmo em conjunto com elas, utilizar números referentes àqueles períodos (quantidades, medições, desembolsos etc.), o que possibilita somá-los tanto horizontal como verticalmente e obter, assim, subtotais e totais referentes às atividades e aos períodos de tempo (cronograma físico-financeiro).

Um dos pontos mais importantes no cronograma de barras é a escala de tempo, que deve ser a maior, porém também a mais abrangente possível. Pode parecer contraditório, mas, se adotarmos uma escala de tempo muito grande (diária, por exemplo) para abranger uma obra de três anos, teremos um cronograma tão extenso que se tornará pouco útil, pois não teremos alcance visual para enxergá-lo inteiro. Nesse caso, o ideal poderia ser um período mensal ou talvez até bimensal. De qualquer forma, caso seja necessário, e geralmente é, podemos "explodir" períodos determinados, de forma a ter vários cronogramas com escala diária ou semanal, porém à parte. Por outro lado, se são muitas atividades concentradas em um período muito curto, podemos definir uma escala até em horas, mas só para serviços muito

4 | O planejamento com o orçamento, integrados

específicos. Devemos levar em conta que, quanto maior é a escala de tempo, mais trabalhoso fica desenvolver o trabalho, além da maior possibilidade de erros, mesmo utilizando o computador. A grande vantagem do computador é efetuar essas somas verticais e horizontais (tempo e atividade) rapidamente e sem erros. No entanto, se a disposição da atividade não estiver de acordo com o período, ele vai somar "corretamente" parcelas erradas, o que resultará num erro maior ainda. É preciso muita atenção para isso!

4.7.2 Técnica de avaliação e revisão de programas (PERT ou *program evaluation and review technique*)

Na verdade, como diz o próprio nome, não se trata bem de um cronograma, mas de uma técnica de avaliação e acompanhamento de uma programação já feita anteriormente. Ou seja, o PERT só tem significado quando é compatível e está acompanhado de um cronograma, talvez de barras. Por si só tem pouco valor, pois é difícil de ser entendido: ele mostra muito bem (graficamente) as precedências das atividades, mas muito mal suas posições no tempo real (indicadas por escrito). Em comparação, o cronograma de Gantt mostra bem (graficamente) a posição das atividades no tempo e muito mal as precedências. O PERT é "aparentado" com o sistema CPM, que, embora tenha uma aparência semelhante, possui diferenças substanciais em relação àquele. De qualquer forma, vamos fazer uma pequena revisão do que são e como funcionam ambos.

No PERT, as atividades são representadas por barras colocadas entre círculos (nós), que indicam o início e o fim de cada uma delas. Assim, escrevemos sobre a barra o nome ou o código da atividade e, sob ela, sua duração. Os números ou as letras dentro desses nós representam o tempo de duração acumulada e as folgas dessas atividades, mas outras datas e informações também podem ser colocadas ali. As barras utilizam setas para indicar o sentido da atividade.

4.7.3 Método do caminho crítico (CPM ou *critical path method*)

As atividades são representadas por quadros, com todas as indicações em seu interior (duração, folga, tempo acumulado ou total, data de início, de término etc.). As barras só mostram a ligação e as precedências entre as atividades. Não se usam setas nas barras, pois o sentido é dado pelos tempos.

4.7.4 Exemplo

Como é muito melhor ver (uma imagem é melhor do que mil palavras!), vamos a um exemplo em que os três cronogramas serão desenvolvidos e seu desempenho poderá ser comparado. Para facilitar o entendimento, simplificaremos um pouco as coisas: para a duração, serão considerados dias corridos, isto é, sem domingos, feriados e dias de não trabalho. As atividades também serão bem agrupadas para simplificar. A obra adotada (não vamos analisar recursos agora) é uma caixa-d'água elevada em concreto, com fechamento lateral em alvenaria e cobertura de placas de concreto pré-moldado. Após longos e profundos estudos, chegamos à programação apresentada na Tab. 4.1.

Tab. 4.1 PROGRAMAÇÃO DAS ATIVIDADES

Atividade	Duração (dias corridos) (nós)	Início	Término
A. Início da obra		15 jan.	15 jan.
A1. Canteiro	10	15 jan.	25 jan.
B. Escavação	15	15 jan.	30 jan.
C. Fundações	21	30 jan.	20 fev.
D. Estrutura	28	20 fev.	20 mar.
D1. Fabricação da cobertura	15	25 jan.	9 fev.
E. Alvenaria	21	20 mar.	10 abr.
F. Instalações *E/H*	10	10 abr.	20 abr.
G. Revestimento	15	10 abr.	25 abr.
H. Cobertura	20	10 abr.	30 abr.
I. Pintura	10	25 abr.	5 maio
J. Limpeza e entrega	5	5 maio	10 maio

Essa programação já é quase um cronograma. Aplicando-a aos sistemas gráficos, teremos os cronogramas das Figs. 4.5 a 4.7. Nossa análise qualitativa e comparativa será feita mais adiante, porém cada um já pode e deve ir tirando suas próprias conclusões com base em suas experiências e necessidades.

No cronograma de barras (Gantt), em alguns casos podemos utilizar linhas pontilhadas indicando as precedências, mas às vezes isso é complicado – por exemplo, caso haja mais de dois predecessores – e congestiona o desenho, prejudicando seu entendimento. Pode-se adotar o predecessor mais importante quando houver muitos, no entanto existe um risco muito grande de se deixar levar pela imagem e acabar desconsiderando um outro, menos importante, é verdade, mas cuja falta também atrapalha ou impossibilita a atividade.

4 | O planejamento com o orçamento, integrados

Qual a melhor opção?

Na verdade, não existe melhor ou pior: temos necessariamente que trabalhar com o cronograma de barras e, se quisermos, utilizar o PERT ou o CPM em apoio. Nesse caso, a única opção possível é usar ou não o PERT ou o CPM, uma vez que o Gantt é indispensável. Vamos optar por usar o CPM nesse trabalho, entre outros motivos por ser o tipo que quase todos os programas informatizados utilizam. Assim, para evitar confusão, cronograma aqui é só Gantt. PERT e CPM são diagramas.

O PERT e o CPM são extremamente úteis em trabalhos com ajuste fino, isto é, que exigem muita precisão e prazos muito ajustados. Eles são mais adequados para tarefas com prazos limitados, digamos até dois ou três meses; mais do que isso, tornam-se difíceis de acompanhar e acabam por perder a consistência. Ou seja, seriam um destaque de um cronograma para uma tarefa específica. Por exemplo, numa obra de ampliação industrial, temos como tarefa remover um transformador antigo e substituí-lo por dois mais modernos e potentes. Para tanto, é necessário cortar a energia, e a indústria tem que parar. São então dadas férias coletivas para os funcionários e a indústria interrompe suas operações, mas há um prazo: 15 dias, impreteríveis! Assim, destaca-se essa tarefa do cronograma geral e elabora-se um PERT ou um CPM para acompanhar sua execução.

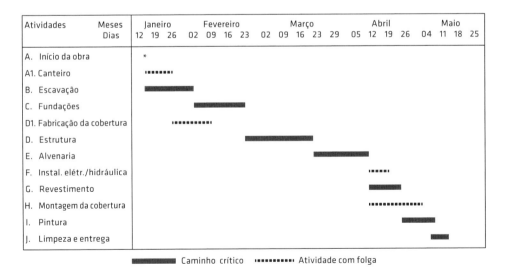

Fig. 4.5 *Cronograma de Gantt ou de barras*

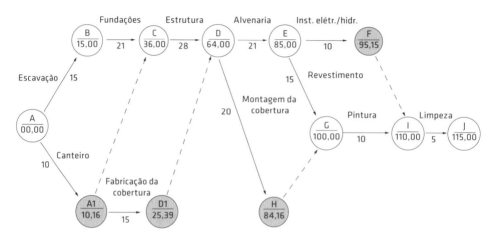

Fig. 4.6 *Diagrama PERT*

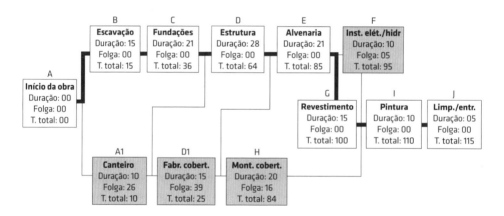

Fig. 4.7 *Diagrama CPM*

Compondo escolhas

Para compor razoavelmente um cronograma de barras, e mais ainda uma "rede" (ou CPM), é muito importante racionalizar as atividades, de forma a obter uma listagem homogênea e a mais sequencial possível. Caso contrário, vai ser muito difícil entender o resultado apresentado pelo computador: ele faz a rede, mas ela fica tão complexa e entrelaçada que se torna bastante complicado entender e interpretar o resultado, além de ser muito cansativo consultá-la. Ora, um cronograma de difícil entendimento e consulta exaustiva leva as pessoas a não o consultarem mais do que uma ou duas vezes, e com isso ele perde sua finalidade maior, que é

4 | O planejamento com o orçamento, integrados

fornecer orientação diária ou, no mínimo, periódica aos administradores da obra. Por isso, na impossibilidade de agrupar mais as atividades sob o risco de comprometer sua operacionalidade, a solução será desdobrar o cronograma em vários outros menores: para algumas atividades mais complexas, faça um cronograma exclusivo e à parte. Assim, você poderá descer a minúcias que se tornariam inviáveis num cronograma da obra toda.

Preparação e montagem

Relembrando: a primeira etapa consiste em ajustar o calendário; a segunda etapa, em transcrever as atividades, especificando duração, datas, precedências e recursos; a terceira etapa, em ajustar as durações e as precedências para acertar o prazo; e a quarta etapa, em revisar a terceira etapa. Muito bem, já temos nosso cronograma de barras montado e devidamente resolvido em termos de durações, recursos alocados e prazo final. Mas como ficar sabendo das condições finais desse cronograma após tantas alterações e ajustes, que são pequenos, é verdade, mas de qualquer maneira dignos de serem considerados? Por meio de relatórios que os programas emitem e que servirão como orientação para nossas providências mais imediatas.

Relatórios

Sobre esse assunto, sempre surgem grandes dúvidas, pois a pergunta é: dos inúmeros relatórios fornecidos pelos programas, qual deles será melhor ou mais necessário, mais útil etc.? Ou será que devemos imprimir todos eles sob o lema de "quanto mais informações, melhor" ou então "tudo a que tenho direito"? Na verdade, devemos ser muito objetivos, pois não existe nenhuma regra a respeito. Todos os programas de gerenciamento/planejamento podem emitir vários relatórios, mais de cem, desde os mais resumidos até os mais detalhados. Imprimir todos eles é absurdo, pois haveria uma superdose de informações que não teríamos condições de digerir, o que resultaria numa *informatite*, a tal "doença" cujo sintoma principal é um incessante folhear de papéis em busca de um dado, balbuciando repetidamente "eu sei que está por aqui", além de uma progressiva e inquietante perda de contato com a realidade.

Na verdade, como sempre, a solução está no bom senso. Vamos mudar a pergunta: quais são nossas necessidades, de que relatórios vamos precisar? Com isso definido, vamos ao menu do programa e procuramos aquele que buscamos. Pode ocorrer de, entre as "ofertas", não estar relacionado algum de que eventualmente tenhamos necessidade. Ainda assim, existe uma solução: os relatórios feitos sob encomenda. Alguns programas – a maioria, aliás – oferecem a possibilidade de compor um relatório particularizado (ou parametrizado) de acordo com nossas necessidades. Vai daí que é só montar o dito-cujo, imprimi-lo e pronto: já temos nosso relatório. É evidente que isso será, pelo menos a princípio, como ir a um supermercado: muitas coisas que compramos descobrimos depois que não nos servem. Tudo bem, da próxima vez já saberemos disso e, à medida que praticamos, vamos aprendendo e descobrindo o que é bom, o que é útil, o que nos serve, o que é perfumaria, o que é só bonito etc. De qualquer forma, temos que considerar nossas necessidades específicas para o empreendimento em questão, procedendo como um alfaiate, que faz a roupa sob medida para ser usada por uma determinada pessoa numa dada ocasião.

4.7.5 Análise do cronograma

De qualquer maneira, existe um relatório que é quase fundamental para o gerenciador/planejador de um empreendimento: o das atividades. Todos os sistemas emitem relatórios mais ou menos detalhados, conforme a definição do próprio usuário. Deve-se usar sempre o que for mais de acordo (olha o bom senso!) com a obra em que se está trabalhando, ou seja, quanto mais complexa ela for, mais detalhes serão necessários. Em todo caso, isso a gente terá que ver na hora mesmo, e tentando. De posse de nosso relatório, vamos estudar as datas de início e término de cada atividade para conferir se estão de acordo com os prazos oficiais ou gerenciais e também com as previsões orçamentárias. Anotamos as discrepâncias ou diferenças que eventualmente ocorram e estudamos como resolvê-las. Isso é importante: até que tenhamos bastante prática, o relatório deve ser impresso, pois ajuda a ter uma visualização total do problema e facilita a correção.

Verificação das datas

O ponto fundamental aqui é conferir as datas "mais cedo", "mais tarde" e folgas em função das durações. É importante termos muito claro o que aquela data de início representa: o pedido do material ou do equipamento ao fornecedor, sua chegada à obra ou o início de sua montagem. É muito comum, até para gente experiente, fazer confusão e, numa atividade, considerar a data de início como o pedido de fornecimento e, em outra correlata, como o início do serviço no campo. Para evitar esse tipo de problema, é melhor ter um *cronograma-destaque* para atividades paralelas (mas fundamentais) à obra. Por exemplo, um cronograma (ou programa) de fornecimentos. O mesmo procedimento deve ser adotado para data "mais tarde" e folgas, principalmente, é óbvio, quando não existir a dita folga: caminho crítico. Observe bem, pois um erro aqui e nosso cronograma vai para o espaço.

4 | O planejamento com o orçamento, integrados 153

Análise de tempos

Um dos maiores motivos para os cronogramas furarem é o problema das durações. Com os ajustes feitos na terceira e quarta etapas do processo, pode-se eventualmente cortar algum tempo em excesso e outro de menos. De posse de um relatório de atividades, vamos analisar tempo por tempo, duração por duração, verificando se o período de tempo previsto é suficiente, insuficiente ou excessivo para executar cada uma das atividades conforme a previsão e as hipóteses iniciais. Assim, se a atividade foi prevista para ter início com o pedido de fornecimento, é evidente que teremos uma dependência do fornecedor para que o tempo seja cumprido; então, é bom verificar isso (vejamos transporte, descarga etc. também) justamente agora, antes de sacramentar uma programação furada. Vamos verificar também a época do ano em que cairiam certas atividades: se uma delas que preveja escavações, por exemplo, cair em plena época das chuvas, é certo que teremos problemas; vamos ter que nos prevenir. Enfim, é a hora da revisão final em tudo que diga respeito a tempo, tanto temporal como climático.

4.7.6 Análise dos recursos

Até aqui, afora alocar e digitar os recursos ao prepararmos as atividades, nada mais fizemos com relação a eles. E isso ocorreu por uma razão muito boa: enquanto não dispuséssemos de uma programação de tempos bastante confiável, não haveria como nem por que trabalhar com recursos. Nesse aspecto, o planejamento funciona como uma equação com duas incógnitas: admitimos uma das incógnitas e resolvemos a outra, depois recalculamos a equação para conferir se o valor admitido para a primeira é coerente com o resultado obtido para a segunda; caso não o seja, seremos obrigados a repetir o processo todo até chegar a valores coerentes. Em nossa equação, as incógnitas são tempo e recursos, entre outras. É preciso que haja equilíbrio entre elas, caso contrário estaremos incorrendo em erro contra a realidade. Assim, admitimos um recurso, resolvemos o tempo e revisamos o recurso para ver se está tudo de acordo, ainda mais se considerarmos que andamos mexendo nos tempos depois daquelas hipóteses iniciais. Chegou a hora de voltarmos a trabalhar com recursos.

Disponibilidade

Esse é o primeiro ponto a ser revisto nesse momento e funciona como nossa conta bancária (sem cheque especial): se temos fundo, podemos sacar, caso contrário não. Por exemplo, não podemos alocar três serventes para fazer a escavação de um poço se temos apenas dois disponíveis ou se o poço é pequeno demais e nele só cabem dois trabalhadores, um escavando e o outro removendo a terra. Nesse caso, o menor prazo de execução terá que ser conseguido pela melhor produtividade desses dois serventes, e o máximo que podemos fazer é otimizar essa produtividade. É claro que isso é válido para mão de obra, materiais, equipamentos etc. Já com relação a dinheiro, acho melhor considerá-lo aqui como um determinante, o custo, e não como um recurso propriamente dito. Isso porque, em última análise, é o custo que vai determinar a quantidade de recursos de que disporemos para executar a obra. Esse é um ponto importante: o custo é o dirigente máximo de um empreendimento sério; é ele, na verdade, que define tudo e em última instância.

Conflitos

Suponhamos a seguinte situação: em nossa obra, teremos que demolir uma laje de 200 m² (~10 m³), o que levará três semanas, e também cinco blocos de fundação de 25 m³, situados a 50 m um do outro, o que levará duas semanas. Dispomos somente de um compressor, e nosso cronograma prevê a sobreposição de uma semana de serviço para as duas atividades, que são críticas. Ou seja, embora impossível, teremos que começar a demolição dos blocos uma semana antes de terminar a demolição da laje (Fig. 4.8).

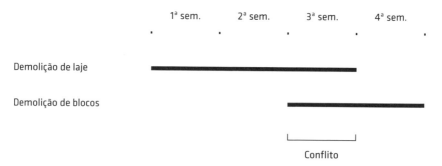

Fig. 4.8 *Conflito no cronograma de atividades*

Essa é uma situação que chamamos de *conflito*. Como resolvê-la? Na verdade, a solução de cada conflito deve ser encontrada dentro da própria obra, pois não existe nenhuma regra exata para isso, a não ser uma que é universal e imutável, válida somente para obras sérias: o menor custo com a melhor qualidade o mais equilibradamente possível. Qualquer fator de desequilíbrio deve ficar a cargo da administração do empreendimento. Voltando a nosso caso, há várias soluções possíveis, entre as quais:

- providenciar mais um compressor para aquela semana;
- usando o mesmo compressor, providenciar mangueiras e marteletes adicionais para trabalhar as duas frentes ao mesmo tempo;

4 | O planejamento com o orçamento, integrados

- aumentar o ritmo de trabalho de uma das atividades de modo a ganhar uma semana;
- aumentar o ritmo de trabalho das duas atividades de modo a ganhar meia semana em cada uma delas;
- diluir esse aumento de ritmo de trabalho ao longo do caminho crítico;
- aumentar as horas de trabalho diário de uma ou das duas atividades de modo a ganhar uma semana;
- refazer o cronograma e consequentemente o planejamento da obra toda para evitar o conflito;
- não fazer nada e deixar a obra atrasar uma semana;
- adotar uma opção diferente das aqui apresentadas, que foi sugerida por alguém e se mostrou, após meticulosa e conscienciosa análise, a melhor e mais econômica de todas.

Como se vê, existe uma infinidade de soluções, mais ou menos custosas, com maior ou menor eficiência, e que resultarão, nesse exemplo, na mesma qualidade de serviço. O que vai determinar a resolução do problema é, na verdade, a relação custo-benefício da opção, que deve ser muito bem estudada para evitar bobagem.

Nivelamento de atividades

O *nivelamento* é a ação de resolução de um conflito, mas sua atuação não se resume a isso. Vejamos a situação oposta da apresentada anteriormente: a hipótese de ficarmos pagando o compressor parado, por uma semana ou mais, aguardando frente de serviço, também é ruim e custosa. Se a demolição da laje durar duas semanas e a dos blocos, uma semana, mantendo-se as mesmas datas de início para as atividades, teremos a condição mostrada na Fig. 4.9.

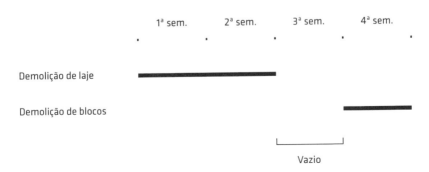

Fig. 4.9 *Vazio no cronograma de atividades*

Se conseguirmos adiantar alguma atividade para aproveitar o equipamento, dispensando-o uma semana mais cedo, estaremos reduzindo ou, no mínimo, otimizando custos. Daí a importância do nivelamento: ele representa custos significativos, muitas vezes bastante altos, que pesam no desempenho final do empreendimento. São várias as oportunidades que exigem nivelamento, mas, em todas elas, há uma condição básica e fundamental: a variação súbita no volume de recursos (equipamentos e/ou mão de obra) por um período curto.

Se a variação for por prazo longo, não há problema e o recurso terá que ser necessária e obrigatoriamente mobilizado ou desmobilizado. Num prazo curto, a situação muda e, em alguns casos, se torna de difícil solução. Como exemplos de casos complicados, podemos citar equipamentos caros e pesados com taxas de mobilização e desmobilização muito altas; equipamentos com muita procura e pouca oferta; e, o pior caso, mão de obra, principalmente a mais qualificada. Às vezes, um funcionário qualificado e bem remunerado (caro!) fica uma ou mais semanas sem fazer nada para, dali a algum tempo, estar sobrecarregado de serviço, fazendo horas extras e, enfim, custando muito caro. Dispensá-lo quando ficou sem ter o que fazer, nem pensar, pois ficaríamos sem ele quando precisássemos; contratar outro com as mesmas qualificações para auxiliá-lo no pico de trabalho é muito difícil também, porque não se encontra tal profissional com facilidade. Muitas vezes, o nivelamento é inviável e não oferece solução, mas em grande número de casos melhora muito ou pelo menos minimiza o problema. Daí a necessidade e a importância desse procedimento. Solucionado ou não o problema, o certo é que pelo menos estaremos alertados de que ele vai ocorrer e poderemos dar-lhe a devida consideração em termos de custos.

4.7.7 Confronto final: planejado × realidade atual

Agora que fizemos todas as revisões e análises de nosso planejamento, voltamos mais uma vez a conferir os prazos e analisar as atividades (vamos imprimir mais uma vez um relatório). Se estiver tudo de acordo, então só restará o confronto final, que, para nós que seguimos todos os passos até aqui indicados, será como a batalha de Itararé (a maior batalha campal que ocorreria no Brasil, mas que nunca se realizou): não haverá. Isso mesmo, não haverá confronto, pois o tempo todo estivemos em estreito contato com nossa oponente, a realidade: de pleno acordo com o pessoal da obra, apoiados pelos chefes e superiores e em plena sintonia com os demais departamentos, principalmente de suprimentos e transporte, não temos o que temer. Mas, se as coisas não ocorreram bem assim, ou se admitimos (chutamos) além do que seria prudente, ou se alguma coisa mudou depois que iniciamos nosso planejamento, então vai ser barbada: a realidade vai ganhar de goleada. Esse é o

4 | O planejamento com o orçamento, integrados

ponto ingrato do planejamento: a gente faz tudo certinho, mas facilita num pequeno detalhe "sem importância" e vai tudo por água abaixo. Aí então vamos descobrir que o tal detalhe não era tão sem importância assim. Solução? Mas é claro: atenção, seriedade e pés no chão. Nós trabalhamos o tempo todo com atenção e seriedade. Já quanto a pés no chão... Por isso o confronto final é importante: é o único meio de descobrirmos que não "decolamos" no meio do caminho. E tem outro aspecto: a realidade é dinâmica, principalmente nessas horas (lembra-se da lei de Murphy?). Talvez alguma coisa possa ter mudado entre o dia que iniciamos nosso planejamento e a data de seu término. Por esse motivo, vamos fazer uma verificação nas bases de trabalho, que, para nós, devem ser o espelho da realidade: está tudo igual, ou pelo menos pouco mudado? Ótimo, fazemos então os ajustes finais necessários e temos nosso planejamento "pronto". Pronto? Mas onde entram os custos administrativos, os impostos, as tarifas e tributos, o apoio às obras, os engenheiros etc. e... principalmente, o lucro da empresa?

4.7.8 BDI

Benefícios e Despesas Indiretas: esse é o nome da fera. Por uma razão que ninguém quer explicar (eu sei por quê!), em 90% das empresas de engenharia brasileiras de pequeno e médio porte o BDI é um número percentual com valor entre 33% e 38%. Alguém duvida? Então pergunte aos engenheiros ou funcionários que trabalham nelas. Você verá que nove entre dez empresários adotam um valor situado nessa faixa.

E por quê? Eles alegam que chegaram a esse valor após longos e exaustivos estudos e consultas aos mais competentes especialistas do ramo. A verdade é que não é bem por aí: existem empresas que poderiam ter um BDI de até 25% e outras em que o valor não poderia ficar em menos de 45%! Mas se eles estão cobrando, digamos, 33% e 38%, respectivamente, então o primeiro está com um sobrepreço de até 8% e o segundo está com um *deficit* de 7%! Pode? Claro que pode, mas o problema é que, em sua grande maioria, essas construtoras "chutam" o valor porque não sabem calcular ou não têm disposição de fazer uma verificação de seus custos indiretos periodicamente.

Em todo caso, a receita do BDI não é tão complicada assim, embora requeira algumas qualidades de quem a faz: conhecimento dos processos da empresa e de sua metodologia de trabalho, honestidade para considerar efetivamente *todos* os custos indiretos envolvidos (não pode esquecer nada!), boas noções da legislação tributária e competência para misturar tudo isso na proporção correta e segundo as peculiaridades da empresa. Parece complicado? Infelizmente não há outra solução além daquela em que pessoas que estejam muito bem informadas sobre o dia a dia da empresa executem esse serviço. Podem contar com a ajuda do contador também, que geralmente conhece bem os dados, embora desconheça os processos, ou então de um consultor, que fará um levantamento detalhado de tudo que foi dito e apresentará, além da conta, seu veredito: o BDI dessa empresa deve ser de 35,48%! Será?

Mas tem outra coisa: o BDI não pode considerar apenas o dia a dia da empresa, precisa levar em consideração obra por obra – uma obra distante possui mais custos indiretos que uma próxima; local muito chuvoso (clima instável) também; acesso ruim, idem; muita demanda de mão de obra dá muito problema; etc. Ou seja, cada obra deve ter um BDI para chamar de seu, e isso deve ser avaliado ainda no orçamento de venda. Temos então dois BDIs independentes: o BDI administrativo da empresa e o BDI operacional de cada obra. Eles terão que ser compostos, combinados, somados, ajustados e sei lá que mais possibilidades existem. Essa é tipicamente uma situação empresarial que deverá ser resolvida por gestão e acertos internos. Porém, ainda há mais dois componentes que aparecem no final dos cálculos e da conversa: o primeiro é o próprio cliente – um tipo complicado, ou enroscado, ou mau pagador, ou com má fama na praça etc. faz qualquer BDI subir pelo menos dois pontos para cada uma dessas qualidades; o segundo é o "e se", que vai dar origem à solução "por via das dúvidas". Trata-se do chute final!

Pronto, chegamos a um valor para o BDI daquela obra que pretendemos pegar. Agora, honestamente, todo mundo sabe que, ao longo do processo, ocorreram muitas dúvidas que foram resolvidas com "calibradíssimos" chutes! Então, vamos ser coerentes, BDI com mais de uma casa decimal é um exagero – ele pode ter apenas uma, para dar a impressão de que houve muito estudo e cálculos para chegar àquele valor. Mais que isso é conversa de vendedor de consórcio discutindo comissão: não dá! Fim de papo!

Se você já tem seu BDI bem definido, aplique-o sobre o orçamento e pronto, podemos apresentá-lo juntamente com o planejamento – e podemos até começar a obra!

4.8 Programação dos trabalhos da obra

Será que podemos mesmo começar a obra? Claro que sim, mas para isso faltam somente alguns pequenos detalhes: os relatórios finais, que, junto com o cronograma e o diagrama PERT ou CPM, vão constituir a programação de trabalho da obra ou o plano de ataque.

4.8.1 Agenda de trabalhos

Vou considerar o texto a seguir e reproduzi-lo como "histórico", mas, na verdade, essa história de agenda é de um tempo que já passou, hoje a conversa é outra! Veja a observação no final da seção.

4 | O planejamento com o orçamento, integrados

Todo aquele que trabalha com direção ou controle de obras adquire, ao cabo de um certo tempo, uma mania: anda sempre carregando uma agenda. Por isso, a maioria das empresas fornecedoras entrega(va) uma de brinde no final do ano, afinal o cidadão anda com o nome delas embaixo do braço o ano inteiro. É um costume tão sério que conheço vários engenheiros que não largam a agenda nem para namorar: levam a dita-cuja até para o jantar romântico, para o caso de se lembrarem de alguma coisa e precisarem anotar.

Esse costume é muito bom e, por isso mesmo, vamos adotar uma agenda (só que num *tablet*) estritamente vinculada à obra e ao cronograma: a agenda de trabalhos. Não é difícil fazê-la, mas, como estamos trabalhando com um computador, é só lhe solicitarmos uma que, com a maior boa vontade, ele nos fornecerá. Todos os programas de planejamento geram uma delas. Será mais ou menos como mostrado na Fig. 4.10.

	Dia	nº	Atividade	Horas
Jan.	15	A.	Início da obra	00
		A1.	Canteiro	09
		B.	Escavação	09
	16	A1.	Canteiro	09
		B.	Escavação	09
	17	A1.	Canteiro	09
		B.	Escavação	09
	26	B.	Escavação	09
		D1.	Fabricação da cobertura	09
	27	B.	Escavação	09
		D1.	Fabricação da cobertura	09
	30	B.	Escavação	09
		D1.	Fabricação da cobertura	09
Fev.	01	C.	Fundações	09
		D1.	Fabricação da cobertura	09
	09	C.	Fundações	09
		D1.	Fabricação da cobertura	09
	10	D.	Estrutura	09
		D1.	Fabricação da cobertura	09

Fig. 4.10 *Exemplo de agenda de trabalhos*

Não devemos fazer uma agenda desse tipo com um prazo superior a um mês, pois muitas coisas podem ocorrer nesse período e será necessária uma revisão. Aliás, isso é uma constante e deverá sempre ser levado em consideração: o planejamento global será sempre uma linha de ação a ser seguida; os detalhes deverão ser explicitados para um prazo menor, no máximo um mês. Como a agenda já é um detalhamento, está nesse contexto.

Atenção: o tempo passou e muita coisa mudou, inclusive as agendas. Com o advento do telefone celular, as agendas de papel caíram de moda e nem as empresas estão mais as fornecendo de brinde. De qualquer maneira, a agenda no celular ou no *tablet* pode cumprir muito bem a missão proposta, com a vantagem de poder emitir sinais de alerta para as principais obrigações e ainda acrescentar registros fotográficos dos eventos e da obra. Outras utilizações do celular podem ser feitas, a critério de cada um e dependendo também do modelo do aparelho e da habilidade do operador. Mais recentemente, com os *smartphones* e os lançamentos de *apps*, que são pequenos programas que podemos instalar no celular e que são baixados até de graça pela internet, o aproveitamento pode ser incrivelmente incrementado, melhorando ainda mais o trabalho de controle da obra.

4.8.2 A obra: condições físicas e geográficas e programa operacional

O passo seguinte para a parte aplicada do planejamento é reestudar a obra em suas condições físicas e geográficas. Esse processo consiste basicamente em conferir as bases de trabalho e, juntamente com o residente, definir os procedimentos, o canteiro e o fluxo de trabalho: é o *programa operacional da obra*. É importante que esse procedimento seja feito nos dias imediatamente anteriores ao efetivo início dos serviços e que as bases de trabalho estejam efetivamente atualizadas. Atenção: se a obra tiver que ser iniciada antes de o planejamento chegar a esse ponto, então o programa operacional deverá ser antecipado, sob pena de o contato com a realidade ser perdido e o planejamento virar uma peça de ficção ou uma obra de arte para parede de barraco. Vou repetir e justificar algo muito importante que tenho afirmado ao longo deste trabalho: todo planejamento deve ser um trabalho de equipe, caso contrário não funcionará. Nessa etapa, porém, é fundamental a efetiva participação do residente da obra, pois é ele que fará as coisas acontecerem da maneira planejada. Senão, vejamos: cada pessoa tem sua sistemática de trabalho e reagirá de forma diferente aos estímulos; ora, caso ela constate que algo não está a contento, produzirá modificações, alterações, ajustes, seja lá o que for. É evidente que existem alguns erros no planejamento e cada pessoa reagirá de modo distinto ao se defrontar com um deles. Se ela não estiver comprometida com o trabalho executado, não pestanejará em adotar uma estratégia totalmente oposta ao espírito que o norteou. Daí

4 | O planejamento com o orçamento, integrados

para o lixo é um passo. Já com o participante ativo no processo, não haverá dúvida: ele sempre procurará o caminho previamente planejado, mesmo que com variações. Por isso é que o planejamento é um trabalho para cada executor, sob medida, como uma roupa feita por alfaiate: pode até servir para outro, mas cai melhor no que serviu de manequim.

Esse programa operacional também é comumente chamado de *plano de ataque*, embora seja muito mais abrangente, pois estará integrado a uma filosofia global para a obra toda. Afinal, em última análise, ele é um estrato do cronograma. Os principais tópicos do programa operacional são apresentados a seguir.

4.8.3 Mobilização dos recursos

Já foram definidos anteriormente os recursos necessários (mão de obra e equipamentos) para principiar e dar andamento inicial aos trabalhos da obra. Agora é questão de começar a requisitá-los, providenciando sua mobilização, conforme o planejamento. Embora seja um serviço mais para o residente do que para o planejador, esse apoio a ele é importante no início da obra. Existe também outro aspecto nessa questão: condições de compra e fornecimento, que podem ter se alterado em função da variação do mercado, e isso merece uma atenção muito especial. De qualquer maneira, não podemos nos descuidar nessa etapa. Uma "vacilada" agora e perdemos nosso trabalho.

4.8.4 Programação: aprovisionamento da obra

Diz respeito aos materiais e equipamentos de consumo da obra. Também em função das condições imediatas de mercado, teremos que nos aprovisionar com quantidades, variedades e prazos maiores ou menores, o que poderá determinar áreas e condições diferentes de estocagem. Conferidas essas condições, a programação será incluída no planejamento global e destacada no programa operacional.

4.8.5 Canteiro: projeto e construção

Agora que já temos os últimos dados sobre as condições locais, de mercado e de aprovisionamento, poderemos terminar o projeto (talvez precisássemos aumentar ou diminuir sua área de estoque, por exemplo) e iniciar (ou completar) a construção do canteiro. O projeto básico já estava pronto desde o início, porém o definitivo só pode ser terminado agora, de posse de dados atualizados. Não levá-los em consideração seria correr o risco de ter despesas imprevistas no futuro, além de outras consequências.

4.8.6 Cronograma

Análise e atualização final: suponhamos que o planejamento tenha previsto que iniciaríamos a obra de uma indústria construindo e montando uma central de ar comprimido que posteriormente seria utilizada também nos trabalhos de construção. A fabricante da central, porém, teve um problema qualquer e está com a entrega desse equipamento atrasada em dois meses. Conscientes do problema, teremos que reestudar nosso planejamento e adequá-lo às condições atuais, mesmo que isso implique uma mudança radical em todo o trabalho desenvolvido. Consequência imediata: alugar um compressor para cobrir a falta da central durante o período do atraso, com o consequente ônus financeiro. Daí a importância dessa última verificação do cronograma. Como a gente já sabe, a realidade é dinâmica e muda sem aviso prévio. Infelizmente! Portanto, devemos estar sempre preparados para os imprevistos, procurando até imaginá-los e antecipando-se a eles. Você conhece o lema do escoteiro? É *sempre alerta*. Pois bem, vamos segui-lo, que é muito bom. Atualizando: *fique esperto!*

4.9 Controles da obra

Pergunta: quanto tempo *após* iniciada a obra devemos iniciar o controle? Resposta: muito *antes* de iniciar a obra.

Na verdade, não há essa rigidez matemática, pois todo o trabalho feito até aqui visa controlar a obra, desde o início da elaboração do orçamento. Uma coisa, no entanto, precisa ficar bem clara antes de prosseguirmos: controle é, acima de tudo, comunicação, troca de informações. Assim sendo, funciona em mão dupla, do controlador para a obra e da obra para o controlador, do controlador para os outros setores envolvidos e dos outros setores envolvidos para o controlador. Só enviar cronogramas, relatórios e informações para os outros setores e receber pouco ou nenhum retorno deles não tem qualquer significado ou valor. O motivo desse comentário é que grande número de controladores, acho até que a maioria, trabalha exatamente assim: manda dados para os outros setores e não recebe nada em troca, só o que vai buscar através de esporádicas, cansativas e precárias incursões aos redutos alheios. Consequência: vivem num mundinho fechado, lindo e etéreo, certos de estarem executando uma obra-prima quando, na verdade, só estão executando a prima da obra, ou seja, a empreiteira.

4.9.1 Padrões de controle

Devem variar em função da obra: tipo, tamanho, prazo, especificações de projetistas e até considerações políticas. O principal, porém, é o custo. Vale sempre aquela velha regrinha: *nenhum controle tem significado se o prejuízo advindo de sua ausência for menor que seu custo.* Quer dizer, se o controle fica mais caro que o prejuízo decorrente

4 | O planejamento com o orçamento, integrados

de sua ausência, então não vale a pena controlar, que venha o prejuízo que é mais barato! Por isso em obras pequenas, de valor pouco significativo, o controle é precário, mas em obras caras ele deve ser estrito, ou seja, apertado. É exatamente aí que entra uma relação básica, o custo-benefício, que você avalia a partir daquela curvinha que já mencionamos antes: a curva ABC. Lembra-se dela? Então vá lá recapitular!

Uma pequena observação, porém: há casos em que o controle, embora mais caro, pode ou deve ser feito – por emergências, por técnica ou por política! Mas isso é outra história!

Pois bem, efetuando o controle de custo dos 90% do valor da obra, ela estará controlada, porque, mesmo que haja um "furo" de 50% do valor previsto nos 10% restantes (e isso é meio improvável, mesmo em se tratando de Brasil), o "estouro" no custo representará 5% do valor total da obra, o que é aceitável até para padrões muito mais sofisticados que os brasileiros.

Mas vamos aos fatos: quais os padrões de controle e como e quando controlá-los com eficiência?

Padrões: controle estrito, controle por amostragem, controle à distância. Só isso? Claro que não. Afinal, a humanidade não é tão simples assim, oras! Existem outros, tantos outros que é muito difícil defini-los. Porém, podemos explicar: a grandessíssima maioria era ou se torna um desses três tipos. Aliás, na atual conjuntura nacional (e internacional também), até o controle estrito tende a se tornar controle à distância com o decorrer do tempo. Mas isso já são hipóteses, e não foi sobre esse assunto que viemos conversar aqui. Vamos aos fatos, vamos definir os controles. Só que, antes, cabe fazer uma consideração: seja qual for o controle – os que foram mencionados, mas também todos os restantes –, todos empregam uma ferramenta que serve para todos eles. E, se não emprega, é porque não está bem sintonizado. Essa ferramenta se chama cronograma físico-financeiro, CFF para os íntimos, e é baseada no cronograma de barras, vulgo Gantt. Já falei sobre ele antes e, para que você não tenha que voltar e procurar, vou repetir o que foi dito:

> Esse cronograma é seguramente uma das peças mais importantes em termos de controle financeiro da obra. Ele é muito simples, mas dá grande visibilidade às previsões de gastos e ao andamento das despesas, embora dependa basicamente de dados corretos, às vezes em falta no mercado. Depende também de que todas, absolutamente todas as despesas sejam lançadas e computadas no caixa da obra, o que é uma dificuldade em certos casos: muitas compras e despesas vinculadas à obra não lhe são informadas!
>
> Mas, afinal, o que é um cronograma físico-financeiro (CFF)?
>
> Trata-se de uma planilha que simula um cronograma de barras (Gantt), só que, em vez das barras, são colocados os valores correspondentes às despesas de cada período. Assim,

por exemplo, uma atividade que, no cronograma físico, dura de 15 de março a 15 de julho (quatro meses) e tem custo de R$ 160.000,00 (linear) é lançada da seguinte forma:

15/3 a 31/3	R$ 20.000,00	
1°/4 a 30/4	R$ 40.000,00	
1°/5 a 31/5	R$ 40.000,00	Total R$ 160.000,00
1°/6 a 30/6	R$ 40.000,00	
1°/7 a 15/7	R$ 20.000,00	

No CFF, esses valores serão lançados na horizontal, em meio a outras despesas de outras atividades da obra. Teremos, então, que a soma horizontal deverá ser a do total da atividade, pois só ela ocupa essa linha. Já na vertical, será feita a soma de todos os custos das atividades daquele período, nesse caso o mês. Aí, é evidente, o total será outro, pois acumula todas as despesas de atividades referentes àquele mês. No final do gráfico (e da obra), a somatória da coluna total horizontal deverá ser igual à somatória da linha total vertical.

Para esclarecer melhor, será apresentado um CFF de nossa obra padrão, que mostra claramente como ele é e como funciona.

A partir do orçamento executivo, usamos os resultados totais e os aplicamos sobre o cronograma de barras já elaborado e distribuímos os valores de maneira a ficar compatível com o programa de ataque à obra. Certamente é uma distribuição discricionária que pode vir a sofrer alterações ao longo da obra, mas que pode ser controlada. Ao contrário dos outros cronogramas e do orçamento, que não devem sofrer alterações, o CFF pode e deve ser ajustado à realidade da obra periodicamente para manter-se atualizado.

A Fig. 4.11 apresenta uma memória de orçamento, que nada mais é do que um levantamento quantitativo para a instrução de um orçamento, podendo ser manuscrito. Observe que a itemização do José Antônio, nosso funcionário há muitos anos, aparentemente não tem nada a ver com a do orçamento final, que é mais concisa e agrupa as várias atividades de modo a tornar sua visibilidade mais fácil. As Figs. 4.12 e 4.13 mostram o resumo do orçamento elaborado e a curva ABC, respectivamente, com os valores que vão instruir nosso cronograma físico-financeiro, ilustrado na Fig. 4.14. Apenas conserve até a parte onde ele se defasou, ou seja, até a data do CFF revisado. Como alternativa, acrescente duas linhas abaixo da linha referente aos totais *verticais* e anote ali os valores efetivamente obtidos e o valor da diferença, com sinais negativos e positivos.

Atenção: os valores financeiros lançados nas planilhas de orçamento, na curva ABC e no gráfico do cronograma físico-financeiro são em *dinheiro* ($), moeda fictícia universal cujo valor atualmente está muito próximo do real. Para evitar qualquer dúvida, não indicamos essa moeda!

4 | O planejamento com o orçamento, integrados 165

Memória de orçamento		
Obra: *Reservatório elevado*		**Data:** *14/05/1999*
Item	**Discriminação e cálculos**	**Quantidade/unidade**
1.	*Serviços preliminares*	
1.3.1	*Limpeza do terreno: 10 m × 10 m*	*100,00 m²*
1.4.2	*Abrigo provisório com 1 pavimento*	*15 m²*
1.4.3	*Ligação provisória de água e esgoto*	*1 un*
1.4.4	*Ligação provisória de luz e força*	*1 un*
1.4.8	*Locação da obra: 4,5 m × 4,5 m*	*20,25 m²*
1.5.13	*Escavação mecânica, inclusive remoção: 6 × 8 × 0,625 (hm)*	*25,00 m²*
1.5.15	*Nivelamento do terreno: 6 m × 8 m*	*40,00 m²*
2.	*Infraestrutura*	
2.1.1	*Sondagem de reconhecimento*	*20,00 m²*
2.1.10	*Escavação manual até 2,00 m: (1,8 × 1,8 × 0,9) × 4 +*	
	+ (2,20 × 0,85 × 0,25) × 4	*13,60 m³*
2.1.28	*Reaterro compactado: 13,6 - {[(1,2 × 1,2 × 0,60) +*	
	+ (4,25 × 0,25 × 0,4)] × 4 +	
	+ {[(1,2 × 1,2) + (2,8 × 0,25)] × 4} × 0,05}	*13,10 m³*
2.1.30	*Lastro concr. magro: {[(1,2 × 1,2) + (2,8 × 0,25)] × 4} × 0,05*	*0,45 m³*
2.2.15	*Estaca de concreto pré-fabricada diâmetro = 0,20 m (4 × 4 × 10)*	*160,00 m²*
2.4.1	*Tábuas de pinho para fundação: (0,6 × 1,2 × 4 × 4) +*	
	+ (2,8 × 0,4 × 2 × 4)	*20,50 m²*
2.5.6	*Armadura CA-50 - conforme tabela de projeto*	*490 kg*
2.6.7	*Concreto estrutural fck = 18 MPa (1,2 × 1,2 × 0,60) × 4 +*	
	+ (4,25 × 0,25 × 0,4) × 4	*5,20 m³*
3.	*Superestrutura*	
3.1.3	*Forma de chapa de compensado plastificado 21 mm:*	
	[(0,25 × 2,7 × 4) + ((4,5 + 5,5) × 5,65) + (4 + 5) × 5,35)] × 2	
	+ (4,5 × 4,5)	*228,65 m²*
3.1.17	*Escora metálica - locação: 4,5 × 4,5*	*20,30 m²*
3.2.5	*Armadura CA-50 - conforme tabela de projeto*	*3.420 kg*
Executado por: *José Antônio*		

Fig. 4.11 *Memória de orçamento*

166 Guia da construção civil: do canteiro ao controle de qualidade

Memória de orçamento		
Obra: *Reservatório elevado*		**Data:** *14/05/1999*
Item	**Discriminação e cálculos**	**Quantidade/unidade**
3.3.10	*Concreto estrutural fck= 20 MPa [(0,25 × 0,25 × 2,7) +*	
	+ ((5,25 + 4,25) × 5,3 × 0,25)] × 2 + (5,5 × 4,5 × 0,35)	*33,70 m³*
3.5.8	*Peças pré-fabricadas em concreto estrutural fck = 24 MPa*	
	(0,55 × 4,5 + 0,25 × 3,9) × 0,15 × 8	*4,15 m³*
4.	*Vedação*	
4.1.34	*Tijolo cerâmico, assentado com argamassa mista, esp = 20 cm*	
	(5,0 + 4,0) × 2,7 × 2	*48,60 m²*
5.	*Esquadrias de madeira*	
5.1.15	*Porta de cedro externa 1,00 m × 2,10 m*	*1 un*
6.	*Esquadrias metálicas*	
6.1.7	*Grade de ferro*	*0,20 m²*
6.1.11	*Escada de marinheiro com 0,40 m de larg. e extensão de 3,0 m*	*8,90 mL*
6.1.12	*Tampa superior para inspeção 0,60 × 0,45 m*	*2 un*
8.	*Instalações hidráulicas*	
	Instalação de tubulações e bombas conforme projeto	*Verba*
9.	*Instalações elétricas*	
	Ligação de iluminação interna e externa e bombas conf. projeto	*Verba*
11.	*Impermeabilização e isolamento térmico*	
11.1.15	*Preparação da superfície interna do reservatório:*	
	(4,0 + 5,0) × 5,0 × 2 + (5,0 × 4,0)	*110,00 m²*
11.1.16	*Impermeabilização estrutural de reservatório*	*110,00 m²*
16.	*Serviços complementares*	
16.6.3	*Limpeza geral: 4,5 × 4,5 × 3 + 5,5 × 1,0 × 4*	*85,00 m²*
Executado por: *José Antônio*		

Fig. 4.11 *(continuação)*

4 | O planejamento com o orçamento, integrados

Orçamento – resumo final		
Obra: RESERVATÓRIO ELEVADO DE ÁGUA		Data: 29/02/2005
Item	Descrição	Preço total
A	Início da obra – mobilizações e instalações	18.000,00
A1	Canteiro	6.000,00
B	Escavações	4.200,00
C	Fundações	6.500,00
D	Fabricação da cobertura	3.750,00
E	Estrutura	12.300,00
F	Alvenaria	3.400,00
G	Instalações elétricas e hidráulicas	5.500,00
H	Revestimentos	5.600,00
I	Montagem da cobertura	2.800,00
J	Pinturas	3.950,00
K	Limpeza final e entrega	1.200,00
	Total final	**73.200,00**

Fig. 4.12 *Resumo do orçamento elaborado*

Em relação à curva ABC mostrada na Fig. 4.13, cabem duas observações:

■ Para uma obra desse porte, o nível de controle estrito deve ficar entre 70% e 80%, ou seja, nesse caso, até o item *instalações*, com 73,63%, ou no máximo até o item *escavações*, com 79,37% do total.

168 Guia da construção civil: do canteiro ao controle de qualidade

Obra:	RESERVATÓRIO ELEVADO DE ÁGUA	Data:	Curva ABC	
	Orçamento – resumo final	29/02/2005		
Item	Descrição	Preço total	Porcentuais	Porc. Acum.
A	Início da obra – mobilizações e instalações	18.000,00	24,59%	24,59%
E	Estrutura	12.300,00	16,80%	41,39%
C	Fundações	6.500,00	8,88%	50,27%
A1	Canteiro	6.000,00	8,20%	58,47%
H	Revestimentos	5.600,00	7,65%	66,12%
G	Instalações elétricas e hidráulicas	5.500,00	7,51%	73,63%
B	Escavações	4.200,00	5,74%	79,37%
J	Pinturas	3.950,00	5,40%	84,77%
D	Fabricação da cobertura	3.750,00	5,12%	89,89%
F	Alvenaria	3.400,00	4,64%	94,54%
I	Montagem da cobertura	2.800,00	3,83%	98,36%
K	Limpeza final e entrega	1.200,00	1,64%	100,00%
	Total final	**73.200,00**	**100,00%**	

Fig. 4.13 *Curva ABC*

- Essa curva foi obtida a partir dos preços totais de cada item, mas é possível obter outras curvas a partir de outras colunas do orçamento, tais como *materiais e mão de obra*. Vale o mesmo para o cronograma físico-financeiro da Fig. 4.14.

Mas vamos agora aos padrões de controle da obra:

- *Controle estrito*: é o controle mais minucioso e detalhado possível em condições operacionais, ou seja, sem ser teste. Requer cuidadoso planejamento, mão de obra especializada e qualificada e apontadores para todos os serviços mais significativos executados (ver a curva ABC), e, no fim, você poderá até publicar um trabalho sobre o assunto. Só que esse tipo de controle é muito difícil, além de muito caro.

4 | O planejamento com o orçamento, integrados

Atividades/meses	Janeiro	Fevereiro	Março	Abril	Maio	Totais horizontais
A Início da obra	18.000,00					18.000,00
A1 Canteiro	6.000,00					6.000,00
B Escavação	3.800,00	400,00				4.200,00
C Fundações		5.800,00	700,00			6.500,00
D1 Fabricação cobertura		3.750,00				3.750,00
D Estrutura			12.300,00			12.300,00
E Alvenaria			800,00	2.600,00		3.400,00
F Instal. elétr/hidráulica				2.750,00	2.750,00	5.500,00
G Revestimento				2.100,00	3.500,00	5.600,00
H Montagem da cobertura					2.800,00	2.800,00
I Pintura					3.950,00	3.950,00
J Limpeza e entrega					1.200,00	1.200,00
Totais verticais	27.800,00	9.950,00	13.800,00	7.450,00	14.200,00	**73.200,00**

Fig. 4.14 *Cronograma físico-financeiro (CFF)*

- *Controle por amostragem*: como o próprio nome diz, recolhe-se uma amostra aqui, outra ali, mais uma lá e teremos um quadro bastante real do que está ocorrendo. Só existe um problema: o critério. Senão, vejamos: nenhuma obra é igual a outra, mesmo que seja cópia fiel de seu projeto, pois há fatores geográficos ou pequenos detalhes que se encarregam de fazer a diferença. Vai daí que, para cada obra, devemos estabelecer critérios diferentes, apoiados nas condições específicas de cada uma. E esses critérios devem ter uma base técnica e estatística, do contrário vira chute. O fundamental é que essa amostragem seja representativa dos valores e dos serviços da obra.

- *Controle à distância*: se a obra é muito pequena, distante ou de pouco significado, então vale a regra da mais (ou menos) valia – "não gastar vela com mau defunto". Mais vale um custo alto do que uma despesa maior ainda em função do controle. Será? Só tem um probleminha nessa história: se a receita desandar, podemos quebrar a cara! Veja sempre as coisas do seguinte modo: se você for responsável por uma obra e ela der algum problema, você certamente terá problemas também – trabalhistas (seu emprego, inclusive), judiciais, no CREA, até policiais. Ou seja, seu nome também terá que ser considerado, e não somente o aspecto financeiro. O melhor é sempre analisar esses aspectos antes de fechar um contrato ou tomar uma atitude. Por isso, o controle à distância poderá ser uma variante mais leve do controle por amostragem. De qualquer forma, antes de tudo, lembre-se de que somos profissionais, e não amadores ou aventureiros.

4.9.2 O que, como e quando controlar

Como já havíamos conversado antes, o custo financeiro deve ser decisivo, na verdade a última consideração. No entanto, não deve ser a primeira, que precisa ser técnica e profissional. Essas considerações têm um valor muito particular, de modo que devem ser deixadas à razão de cada um. Vamos, então, direto à última: o custo! Conforme mencionado anteriormente, a curva ABC nos dará uma orientação decisiva. Mas não deixe de olhar as consequências dessa posição: uma atividade financeiramente significativa pode eventualmente depender de outra de pouquíssimo valor, e é aí que "a porca torce o rabo". Na verdade, antes de tudo, o importante é o sequencial de trabalhos a serem desenvolvidos e os resultados requeridos; não devemos nos deixar envolver excessivamente pela questão do custo individual de cada atividade. Isso já ficou para trás, agora temos que analisar o conjunto das atividades, com seu "custo sequencial", e ficar de olho no resultado esperado, caso contrário "a vaca vai para o brejo". Um critério para ajudar a definir o *que* controlar é estabelecer *linhas sequenciais de controle*. O que é isso? No cronograma da obra, existe um caminho crítico: essa já é uma linha, a primeira e talvez a mais importante. Mas há outras, como a de uma atividade muito cara, que deve começar nas atividades que precedem essa atividade cara e terminar após ela ser completada, se possível, pois ela mesma pode ser precedente de outra atividade cara ou importante, eventualmente crítica.

A maneira de controlar, o *como*, é uma das coisas mais difíceis de definir, não só na construção como também na indústria, no comércio, no governo etc. Só esse *como* já vale um curso completo. Na teoria, até que as coisas costumam ir razoavelmente bem, mas na prática é um desastre. Isso ocorre porque, na maioria das vezes, a gente imagina que os outros farão as coisas da mesma maneira que nós pensamos que faríamos, caso fôssemos fazê-las. Só que não é bem assim, cada um tem um jeito de pensar e de agir, é claro que você sabe. A solução, então, é se colocar no lugar do executor e procurar imaginar seu modo de agir em tais e tais situações. Difícil? Claro, afinal se fosse fácil não estaríamos aqui discutindo esse assunto. É exatamente essa a solução: discutir cada problema em equipe. Repito: devemos ter sempre na lembrança que planejamento é trabalho de equipe e o controle é apenas sua continuação, na obra. Por isso, discuta sempre com sua equipe (se não tiver uma, monte ou crie a sua) o que, como e quando controlar na obra. De qualquer forma, aqui vão algumas considerações elementares:

- Estabelecer canais de contato com os executores do trabalho: afinal, quanto mais soubermos de suas dificuldades, mais compreenderemos sua maneira de pensar.
- Não desprezemos informações que nos pareçam pouco importantes: um pequeno detalhe pode ser de grande utilidade amanhã. Anote sempre tudo e mantenha um arquivo de informações organizado.

4 | O planejamento com o orçamento, integrados

- Sejamos claros e objetivos ao perguntarmos o que queremos saber, prioritariamente. A afirmação "quero saber tudo" é muito vaga; vamos ser precisos, queremos tais e tais dados. Nesses casos, o melhor caminho é estabelecer um roteiro, de forma a orientar a pessoa que vai nos informar. Assim, um formulário com quadrinhos para preencher com cruzinhas pode ser muito útil, não nos esquecendo também de deixar espaço para a criatividade dessa pessoa: perguntas simples e espaços para observações podem nos trazer informações muitas vezes surpreendentes. Uma recomendação final nesse assunto: limitar a extensão da resposta, caso contrário poderemos ter desencontros de interpretação – quanto mais se fala, mais se erra. Se o problema exige uma resposta muito extensa, então deve ser muito grave ou complicado e merece um relatório à parte. Ou então significa que a pergunta pode/deve ser dividida em partes.

- O mais importante: todas, mas absolutamente *todas* as despesas e receitas devem ser lançadas e classificadas num caixa da obra que sirva de controle de custo. Aquela velha história de que pequenas (ou certas) despesas (receitas também) podem (ou precisam) ficar de fora por motivos "técnicos" – na verdade, políticos, econômicos, sociais ou tributários – é muito perigosa: com efeito, é um bom atalho para perder o controle. Ou cair na gandaia, com a possibilidade de desvios de verba e *otras cositas más...* Também a questão de fazer caixas numerados (caixa 1, 2, 3...) é a melhor maneira de pensar que se ganhou onde se perdeu! E arrumar encrenca!

Quando controlar? Somente em duas oportunidades: nas necessidades técnicas e/ou nas necessidades financeiras. Se você analisar bem, vai constatar que isso ocorre... sempre! Resultado: mantenha suas equipes de controladores sempre de sobreaviso, *fique esperto*!

4.9.3 Comunicações

Na verdade, as comunicações entre a obra e os controladores são apenas uma parte do processo: é preciso manter contato com todos os setores envolvidos – superiores, projetistas, fornecedores, planejadores (caso não sejam os próprios controladores), prestadores de serviços, órgãos públicos, financiadores etc. Cada um deles tem um interesse específico, bastante distinto dos outros, e por isso devemos contatá-los de maneira e em circunstâncias diferentes. E, é claro, em "língua" diferente: embora estejam todos envolvidos no mesmo empreendimento, os interesses são muito distintos; não resolve nada mandar um relatório sobre problemas de mão de obra para um projetista, pois isso não vai provocar quase nenhuma reação nele, da mesma forma que nenhum financiador vai se preocupar com algum problema causado aos vizinhos se não lhe trouxer qualquer custo adicional. Assim, devemos buscar estabelecer pontos comuns de interesse a fim de harmonizar essas comunicações. E a melhor maneira de fazer isso é enviando relatórios e solicitando respostas por escrito. E perguntando (isso vale para todos, da obra ao chefão, do projetista ao financiador): o que você quer e precisa saber sobre a obra? De quanto em quanto tempo você precisa dessa informação? Depois disso, em quanto tempo você me dá uma resposta? Podemos até fazer formulários para serem preenchidos de modo a orientarmos melhor as respostas, lembrando-se sempre de deixar espaços para a criatividade de cada um (já dissemos isso!). Afinal, isso não é um vestibular!

4.9.4 Metodologia das comunicações: sintaxes

Sintaxes nada mais são do que regras de bom entendimento entre as partes. A sintaxe orienta o que perguntar, como perguntar e o que dizer e como dizer. No fundo, é uma espécie de código de linguagem para evitar mal-entendidos ou interpretações diferentes. No caso de um controle informatizado de obra, ela se torna mais importante ainda, pois a máquina não interpreta nada, apenas processa dados independentemente de quaisquer outras considerações: se os dados estiverem errados ou imprecisos, serão processados com toda a correção, porém errados e imprecisos, eventualmente oferecendo resultados mais errados e imprecisos ainda, o que pode levar a obra a tomar decisões catastróficas em função de informações distorcidas ou malcompreendidas. Daí a necessidade de convencionar previamente o significado de certas palavras, expressões e até procedimentos. Essa providência, além de facilitar a conversa, minimiza os mal-entendidos. No entanto, não elimina todos esses mal-entendidos e distorções.

Para evitar ou pelo menos minimizar esses problemas, devemos procurar sempre estabelecer um ponto de confronto das informações: caso haja um erro ou distorção, ele será detectado ali. Seria como uma espécie de "posto de controle". Reconhecemos que não é muito fácil, mas é muito importante fazer essa comparação, ou filtragem, pois às vezes o problema vem dissimulado e, até mesmo quando confrontado, nos deixa em dúvida sobre qual é a informação verdadeira e qual é a falsa ou a "meio falsa".

4.9.5 Correções e ajustes do cronograma e do orçamento

O retorno dos dados enviados à obra é que nos possibilitará efetuar as correções e os ajustes no orçamento e no cronograma. Partindo-se do pressuposto de que as bases de trabalho estão corretas, os elementos fundamentais susceptíveis de erro num planejamento são a duração, a precedência e os recursos de cada atividade. Com toda

4 | O planejamento com o orçamento, integrados

a certeza, alguns deles vão furar e terão que ser ajustados durante sua execução ou mesmo posteriormente a ela. A única maneira de proceder a esse ajuste é pelo retorno de informações. Uma das melhores maneiras de obter esse retorno é exatamente por meio de incursões periódicas ao reduto alheio, porém com sua própria conivência: reuniões periódicas na própria obra (principalmente). Devem ser reuniões específicas sobre planejamento, com temário predefinido e possibilidade de verificar *in loco* os problemas ocorridos e suas causas. Sua periodicidade pode variar em função do custo, da complexidade ou do peso político da obra, mas em hipótese alguma deve ser inferior a duas semanas ou superior a dois meses: uma semana é muito pouco tempo para que a grande maioria das providências surta qualquer efeito, e mais de dois meses é tempo demais para corrigir alguma distorção ocorrida no período, mesmo com relatórios semanais, diários de obra etc. – que não devem ser desprezados, pois mantêm a imagem da obra viva na cabeça do controlador/planejador, impedindo que ele "decole". Todas as correções (ou complementações, lembram?) efetuadas no planejamento em função das informações atualizadas recebidas devem ser enviadas imediatamente aos setores envolvidos e com interesse direto no problema, para que eles se reorientem e ajustem seus rumos. Fica para o planejamento a análise das causas dos desajustes encontrados.

A correção ou a atualização (ou complementação) do orçamento é o passo subsequente: feita a correção do planejamento, deve-se buscar seus efeitos no orçamento, que fatalmente ocorrerão, às vezes até para menos. Também, sempre por meio do retorno das informações, é fundamental manter atualizadas as alterações no orçamento produzidas por contingências que nem alteram o cronograma, como uma modificação no tipo de acabamento: em vez de um piso de cerâmica de R$ x,oo ("xis" reais), será empregado outro de R$ 2x,oo (dois "xis" reais), por exemplo. Essa é uma decisão do cliente, que pagará a diferença, ou da própria empreiteira, para evitar atrasos, que assumirá o custo.

4.9.6 Comparações entre o planejado e o andamento real da obra

Neste trabalho já falamos sobre deixar marcos ao longo do caminho para ser possível controlar o andamento da obra. Falamos também em não efetuar alterações no planejamento e no orçamento básicos, e sim complementações ou orçamentos complementares. Isso tudo tem uma razão: se alterarmos o planejamento e orçamento básicos, como vamos comparar nossos prazos e custos hoje com o que foi previsto? Complementar o orçamento, na verdade, é muito mais fácil que complementar o cronograma, mas é fundamental que conservemos o planejamento básico até o fim, resistindo às tentações de alterá-lo, pura e simplesmente. Isso só teria sentido se tivesse sido cometido um erro muito grande em sua elaboração ou se o projeto sofresse uma alteração tão radical que o primeiro orçamento/planejamento teria que ser abandonado e executado inteiramente de novo. Se não for esse o caso, então não se justifica: é orçamento/planejamento complementar mesmo!

O acompanhamento dos serviços (atividades) e dos custos (itens) deve ser um trabalho de rotina, feito todo dia, toda hora, por elemento(s) treinado(s) para efetuar a coleta dos dados conforme uma orientação firme e harmoniosa do controlador e do residente em conjunto. Isso é fundamental, pois, se houver atritos nesse ponto, o controle pode ficar prejudicado. Por esse motivo, é essencial a definição preliminar das regras do controle: se todos estiverem a par das regras do jogo, com clareza e nos detalhes, antes de os trabalhos serem iniciados, não haverá muitos problemas depois. E, quando digo antes, é antes de tudo mesmo, é uma definição empresarial.

Muito bem! Regras estabelecidas, trabalhos em andamento, obra funcionando, está havendo um atraso e o custo está mais baixo que o previsto! Isso é bom? Não sei, pode ser que sim, pode ser que não, o fato é que temos que descobrir qual é o problema que está ocorrendo e analisá-lo. É a sequência natural: se houve um erro (podemos chamá-lo também de falha, discrepância, desencontro, distorção etc., tudo bem), então tem que existir uma razão, e a tarefa agora é descobri-la, pois pode nos ajudar a evitar problemas futuros, talvez em outra atividade correlata. Por isso, essa pesquisa deve ser efetuada rápida e urgentemente. Cada setor envolvido tem a obrigação de, ao receber um relatório, uma informação ou mesmo uma solicitação qualquer vinda da obra, efetuar uma confrontação com o inicialmente planejado. Constatada uma diferença, deve alertar os controladores da obra sobre o desvio, solicitando uma confirmação. Isso deverá alertá-los, caso ainda não saibam do problema. As providências a respeito devem ser tomadas somente por um setor responsável, bem definido, para que haja coerência e unicidade nas medidas. Voltaremos a falar sobre as falhas com mais detalhes e ênfase na seção final.

4.9.7 Controle de custos: períodos

O ponto crucial de um empreendimento sempre será o custo. O problema sério é como controlá-lo sem que isso resulte num acúmulo de serviços aos coordenadores, residentes, administrativos de obra etc. A resposta está justamente no item anterior: comparação entre executado e planejado. Só que, ponto importante, essa comparação não deve ser feita em períodos muito curtos, sob pena de, a uma pequena distorção momentânea e facilmente corrigível pela própria obra, efetuar-se uma substancial alteração, o que pode acarretar mais prejuízos do que benefícios. O ideal é uma revisão mensal – todavia, essa revisão também pode ser encurtada para cada 15 dias, no mínimo, em casos muito especiais, ou postergada para cada dois meses,

4 | O planejamento com o orçamento, integrados

no máximo. Não por acaso, é o mesmo período recomendado às reuniões de obra para tratarem de planejamento: é o melhor tamanho de período, pois alia certeza de empenho com garantia de projeção futura. Voltamos a lembrar aquela frasezinha: *use sempre o bom senso!*

4.9.8 Relatórios periódicos

Todo e qualquer serviço executado numa obra merece um relatório detalhado. Só que isso custa dinheiro, às vezes muito dinheiro, e, como já vimos antes, acaba não compensando ou não trazendo o retorno esperado. Por esse motivo, o ideal é periodizar os relatórios, torná-los limitados dentro do serviço e do escopo, além de dar sempre um enfoque objetivo de acordo com nossos propósitos e metas. Como fazer isso?

Aqui vai uma sugestão: o primeiro passo é o diário de obra, que deve ser objetivo e informativo, não literário. Quem quiser fazer literatura deve escrever um livro, não um diário de obra. Só que a tendência às vezes é muito forte e, para evitar isso, o melhor é fazer um diário do tipo formulário, onde o residente vai preenchendo os campos e informando, sem se preocupar com a forma. Outra vantagem desse diário é que praticamente elimina a hipótese de esquecimentos na hora de informar.

Os principais itens a serem considerados na execução de um diário de obra são:

- condições do tempo (clima);
- efetivo próprio discriminado;
- empreiteiros e subempreiteiros;
- efetivo "deles" discriminado;
- serviços executados ou em execução;
- eventos especiais/imprevistos;
- condições dos suprimentos;
- medidas especiais tomadas;
- serviços em execução;
- serviços terminados;
- serviços iniciados;
- problemas na obra;
- visitas à obra;
- ausências da obra.

Nele, devem ser anotadas todas as ocorrências da obra no dia, mesmo aquelas que aparentemente são corriqueiras. Deve ser emitido um relatório semanal da obra, onde serão detalhados os fatos mais importantes (entre os relatados nos diários de obra do período) e de maior valor financeiro implícito que, eventualmente, tenham influído nos trabalhos. As visitas à obra referem-se a técnico ou pessoas de importância para a obra (dirigentes de subempreiteiras, políticos com significado para a obra, técnicos em inspeção, convidados etc.). As ausências se referem a pessoas que deveriam estar na obra e saíram momentaneamente ou não compareceram (pode ser informado também o motivo).

Mensalmente, antes da data da reunião, extrairemos do relatório semanal os tópicos, as observações e os eventos realmente mais importantes e significativos ocorridos no período e ali contidos, para servirem de base ao relatório mensal. Esse relatório é que nos dará suporte para, durante a reunião mensal, apresentarmos nossas reivindicações, comunicações, acertos etc. Além disso, poderemos informar também sobre fluxo de mão de obra, atendimento às requisições de material e agenda de trabalho, entre outros. Sugiro aqui mais um relatório: o Registro dos Erros da Obra (é REO mesmo). É o tipo de relatório que devemos fazer antes de tudo para nós mesmos, pois tem uma enorme utilidade para não repetirmos sempre os mesmos erros. E não precisa esperar a próxima obra: um grande número desses erros são cometidos várias vezes na mesma obra. Vamos falar melhor desse assunto logo adiante.

4.10 Fim da obra: análises de desempenho

Fim de obra é um misto de festa com tristeza de despedida: para quem recebe a obra, para quem a financiou e agora faz sua inauguração, é uma festa; para quem a projetou e construiu, para quem fez amigos, para quem trabalhou nela, vendo-a se levantar aos poucos, e agora se despede, é mistura de alegria e tristeza. Enfim, é a vida, e outra obra deve ser iniciada, sempre com a firme resolução de não cometermos os mesmos erros que cometemos nessa. Alguns, a gente até consegue evitar, mas outros são persistentes e invariavelmente frequentam nossas obras. E o pior é que, se analisarmos bem, são quase sempre os mesmos. Se eles não ocorrem também em todas as outras obras de outros colegas, então a culpa certamente é nossa. Como corrigi-los? É exatamente isso que vamos ver agora, pelo processo de olhar para trás para não tropeçar na frente.

4.10.1 Levantamento final

O primeiro passo é efetuar um levantamento o mais detalhado possível de toda a obra, principalmente dos erros. Não importa agora quem cometeu o erro, mas sim por quê. Na verdade, nessas horas é muito importante a autocrítica, pois há uma tendência nas pessoas de encontrar falhas alheias e passar olimpicamente sobre suas próprias, isso quando não as atribuem aos outros. Nesse caso, a solução realmente não está no campo da Engenharia, mas no da Medicina.

"Voltando à vaca fria", a grande pergunta que surge é: como efetuar esse levantamento? Realmente não é muito fácil, mas, com método, um pouco de persistência,

4 | O planejamento com o orçamento, integrados

boa vontade e, principalmente, bom senso (sempre ele!), dá para chegar lá. Método dá para a gente passar um pouco, mas persistência, boa vontade e bom senso têm que vir com o freguês, caso contrário não vai dar certo. Vamos ser sinceros: poucas coisas numa obra são tão chatas e malcompreendidas do que fazer um levantamento de obra terminada ou mesmo terminando. Todo mundo quer olhar para a frente e esquecer o passado, principalmente se for desagradável; procurar erros do passado, então, nem se fala, é mexer em ferida aberta. Por isso essa disposição toda é necessária, e, como ela é rara, o que acontece normalmente é aquela repetição constante dos mesmos erros, obra após obra, que a gente até já sabe que vão ocorrer. Pois bem, hoje decidimos que vamos botar ordem na casa e fazer a autocrítica, a crítica dos vizinhos, dos fornecedores, dos colegas etc., tomando a mais firme decisão de não repetir os erros, mesmo que eles sejam uma tentação. A única coisa que a gente pode estudar aqui é o método, aliás um dos métodos: depois cada um terá o seu. Vamos analisar alguns processos que nos levarão a um método próprio, como ele deve ser, pois isso é feito sob medida, individualmente:

1. Vamos começar o levantamento no primeiro dia de trabalho na obra: mantenha um arquivo com o registro de todas as falhas ocorridas desde o início, data da(s) ocorrência(s), causa(s), as soluções encontradas e – agora é que é – como elas poderiam ter sido evitadas. É o REO, lembra? Coloque isso numa tabela. Parece simples, mas não é tanto assim, pois muitas vezes, na hora, nem percebemos que ocorreu uma falha de alguém ou mesmo nossa (principalmente). Mas tão logo haja essa percepção, registre-a, pois facilitará tremendamente o levantamento.

2. Revise (periodicamente) o diário de obra nos itens que registram os serviços executados e os eventos especiais e veja se não deixou passar nada. Confira em seguida os relatórios semanais e mensais. Anote tudo em nosso REO.

3. Revise os projetos, comparando-os com os *as builts* (como construído). Caso não haja *as built*, execute um, mesmo que de forma rudimentar e sem detalhes. Anote tudo o que não saiu conforme o figurino ou os projetos básicos. Mande para o REO.

4. Percorra a obra em toda a sua extensão anotando toda e qualquer falha encontrada, mesmo que pequena. Refaça o percurso, porém no sentido inverso. Não se preocupe se alguma falha constatada já tiver sido anotada antes: anote de novo e expurgue depois. Se possível, tire fotos e grave comentários (use o celular, pô!).

5. Incluídos todos os fatos levantados no REO, estude-o e elimine os circunstanciais ou que se refiram a eventos muito específicos e particulares.

Faça uma tabela final, mas atenha-se aos casos gerais. Não despreze, mas também não perca muito tempo com erros muito pequenos ou de pequenas consequências. Agora é hora de nos concentrarmos no que realmente é importante. Expurgue o supérfluo, o repetido (mesmo que com outra cara), o inconsequente etc. – atenha-se ao essencial!

4.10.2 Relatórios finais

De posse do REO expurgado, de acordo com a forma definida anteriormente ou por seu próprio critério, temos mais ou menos o seguinte: o fato (o que), o meio (como), a causa (por que) e a solução encontrada. Até aqui tudo bem, não foi fácil, mas chegamos lá. Agora, porém, vem um trabalho mais difícil: estabelecer correlações, ou seja, confrontar os fatos e descobrir as causas comuns a eles. Nesse ponto, a data das ocorrências pode ser importante. Numa análise criteriosa, você ficará surpreso ao constatar que a maior parte das falhas tem origens comuns, que acabam resumidas a cinco ou seis causas distintas, no máximo. Mais ainda, na maioria absoluta dos casos estão centradas em uma ou, no máximo, duas pessoas ou eventos geradores. É quase impossível provar fora de um caso real, pois simulações poderiam forçar a essa condição e não teriam valor. Uma sugestão para quem quiser comprovação efetiva: revise uma obra anterior de que você tenha participado, remexa em sua memória, faça a listagem e analise. Depois me conte!

4.10.3 Análise dos erros e correções para o futuro

Constatados os erros e/ou falhas (fatos), definidas as pessoas ou eventos geradores (causas), só nos resta agora providenciar a eliminação dessas causas, em especial de certos hábitos e procedimentos adotados. Sempre existirá uma explicação para eles, como "sempre fizemos assim", "o chefe mandou", "não tivemos tempo" etc. Certamente ouviremos dezenas de explicações, mas dificilmente alguma justificativa válida para não alterar esses hábitos e procedimentos. Caso contrário, os erros/ falhas continuarão ocorrendo e causando os problemas de sempre, resultando em duas hipóteses: você se acostuma com eles e até já acha que não são erros ou você aplica automaticamente a solução que já está no bolso e sempre à mão. Uma terceira hipótese, de que, a cada vez que ocorra o problema, haja um desastre, não merece consideração.

4.10.4 Arquivamento da obra

Após o término de uma obra, toda a documentação referente a ela deve ter um destino, e essa é a questão colocada aqui: qual? Na maioria dos casos e das vezes, o destino é um só: arquivo morto. Muito justo, pois quase sempre essa documen-

4 | O planejamento com o orçamento, integrados   179

tação está tão confusa e misturada que não há muito o que aproveitar dela. Porém, se uma classificação adequada for sendo feita ao longo da obra, parte dessa documentação, em vez do arquivo morto, pode e deve ir para a biblioteca da empresa (ou para a sua!), para futuramente ser consultada como exemplo de como fazer ou não fazer certas coisas. Esse é o ponto que defendo aqui: a maioria absoluta das empresas e instituições públicas e particulares, mesmo aquelas cuja finalidade básica é a construção, não tem por hábito guardar e consultar experiências anteriores, o que resulta numa monótona repetição dos mesmos erros, causados pelos mesmos agentes geradores. Assim, não eliminam as causas e consequentemente tudo segue a mesma rotina: em toda obra o mesmo problema, a mesma pesquisa (cara) para resolvê-la, nem sempre a mesma solução (muitas vezes podia).

O que essas instituições não percebem é que estão jogando fora um valioso patrimônio, pelo qual muitas vezes pagaram caro contratando consultores: a experiência. Tive a oportunidade de ser testemunha de um caso desses: uma construtora contratou um renomado especialista para resolver um problema ocorrido numa de suas obras; ele analisou, deu a solução e cobrou uma pequena fortuna; durante uma confraternização de fim de ano entre amigos, ele bebeu um pouco a mais e comentou, sem se dar conta da presença de um dos engenheiros da construtora, que era a terceira obra em que ela o contratava para resolver o mesmo problema, dando ele a mesma solução! O importante, nesse caso, é que a solução realmente satisfazia, ou seja, o problema era o mesmo – a empresa pagou três vezes e talvez pagasse mais outras tantas para resolver um problema que estava solucionado, mas em seu arquivo morto. Esse caso não é isolado: todo mundo é capaz de se lembrar de pelo menos um deles. Talvez não exatamente igual, mas muito semelhante. Devemos ter consciência de que biblioteca não se compõe somente de livros comprados em livrarias especializadas ou sofisticadas; toda a experiência da empresa ou instituição deve fazer parte da biblioteca. E em lugar de honra, pois essa é a nossa experiência, feita por nós e para as nossas condições. O mesmo problema nos Estados Unidos pode ter uma solução diferente da francesa, alemã, japonesa, argentina, brasileira ou local, esta aqui onde estamos atuando. O próprio processo de gerenciamento e planejamento deve ser um processo interno da empresa ou instituição, desde que baseado em conhecimentos adquiridos ao longo de sua experiência e em suas próprias condições. As pessoas passam, mas a instituição permanece – que essas pessoas deixem a experiência adquirida, paga pela instituição, na própria instituição. Em resumo, a campanha é: vamos fazer uma biblioteca com nossos próprios trabalhos, nossas próprias obras, nossa própria experiência, antes de comprar livros nas melhores livrarias de São Paulo, Buenos Aires, Nova York ou Rive Gauche.

4.11 Considerações finais

Aqui termina o que eu queria dizer nessa etapa. Para o futuro pretendo ampliar alguns tópicos, mas, para isso, quero contar com a colaboração dos leitores: digam-me o que fez falta e o que foi desnecessário neste trabalho. Mandem-me informações sobre suas próprias experiências tanto em obras como em planejamento, orçamentação e controle de obras. E não se esqueçam de apontar meus erros (enganos ou equívocos, fica mais simpático) e suas discordâncias! Ninguém é perfeito, muito menos eu!

Fui!

Nelson Newton Ferraz
E-mail: nelfer2011@gmail.com

Anexos

Anexo 1 Modelos de impressos

Observação preliminar: utilize uma planilha eletrônica do tipo Excel para fazer os cadastros sugeridos aqui!

A elaboração de um cadastro de fornecedores deve ser precedida de uma codificação das atividades desenvolvidas por eles, ou seja, o que eles fazem e/ou fornecem: mão de obra, material ou equipamento. A partir daí, discrimine o tipo de serviço, material ou equipamento, estabeleça uma tabela dos serviços que eles fazem e crie um código para cada uma das atividades. Por fim, aplique esse código ao fornecedor seguido de um número particular dele. Pronto, quando você precisar de um fornecedor daquele produto, é só procurar no arquivo o código da atividade referente ao produto para encontrar todos os seus fornecedores confiáveis para aquela atividade, cada um em sua caixinha!

No cadastro, preencha todos os dados de um fornecedor numa linha só, colocando cada tipo de dado numa coluna diferente, como apresentado no modelo da Fig. A.1. O cadastro do fornecedor deve começar, evidentemente, por seu código, seguido de seu ramo de atividade, nome, endereço completo, contato, CEP, telefone, *fax*, CNPJ/CPF, e-mail/*homepage*, inscrições estadual e municipal e, por fim, observações (avaliação de desempenho, considerações, restrições etc.). Realmente é uma linha bem comprida, mas você pode economizar um pouco de espaço quebrando o texto das células mais extensas.

N°	Atividade	Nome	Endereço	Contato	CEP	TEL	FAX	CNPJ	E-MAIL/ HOMEPAGE	INSC. EST.	INSC. MUN.
Código		Fornecedor									
1.101	Sondagens										
1.102	Sondagens										
1.201	Formas										
1.851	Calculista										
1.852	Proj elétrico										
2.201	Canteiro	Brasmódulos, Ind . e Com de Containers									

Fig. A.1 *Modelo de planilha*

A Fig. A.2 mostra uma sugestão para a codificação de fornecedores por atividade. Deve-se reservar um intervalo numérico adequado para cada tipo de atividade e de fornecedor.

182 Guia da construção civil: do canteiro ao controle de qualidade

Classificação por setores de atuação e codificação de clientes e fornecedores	
00.	Clientes
00.001 a 00.500	Pessoa física
00.501 a 00.999	Pessoa jurídica
	Fornecedores
01.	Serviços iniciais e projetos
01.001 a 01.099	Serviços topográficos
01.100 a 01.199	Sondagens e ensaios de solos
01.200 a 01.299	Madeiras para forma
01.300 a 01.399	Aço para armaduras de concreto
01.400 a 01.499	Concreto pré-misturado
01.500 a 01.599	Cimento, areia e pedra
01.600 a 01.699	Materiais básicos complementares
01.700 a 01.799	Execução de fundações
01.800 a 01.849	Projetos de arquitetura
01.850 a 01.899	Projetos de estruturas e instalações
01.900 a 01.999	Projetos diversos
02.	Instalações de canteiro
02.001 a 02.099	Capinagem e limpeza de terreno
02.100 a 02.199	Demolições
02.200 a 02.299	Tapumes, alojamentos, escri. de obra e barracões
02.300 a 02.399	Locação da obra
03.	Terraplenagem e movimento de terra
03.001 a 03.099	Trabalhos manuais
03.100 a 03.199	Trabalhos mecânicos
03.200 a 03.299	Carga e transporte de material escavado
03.500 a 03.599	Terraplenagem completa

Fig. A.2 *Sugestão para codificação de fornecedores por atividade*

Anexos

04.	Logística e transporte
04.001 a 04.099	Carga e transporte manual
04.100 a 04.199	Carga e transporte mecanizado
04.200 a 04.249	Transporte de granéis
04.250 a 04.299	Transporte de máquinas e equipamentos
04.300 a 04.399	Transporte de veículos
04.400 a 04.499	Transporte de mudanças
04.500 a 04.599	Elevadores, guinchos, guindastes e gruas
04.600 a 04.699	Escoras, andaimes, fachadeiros e formas em painéis
04.900 a 04.999	Materiais e serviços gerais
05.	**Infraestrutura**
05.001 a 05.099	Estacas pré-fabricadas
05.100 a 05.199	Estacas escavadas e tubulões
05.200 a 05.299	Perfilados metálicos
05.300 a 05.399	Material para vedação e escoramento do solo
05.700 a 05.749	Empresas especializadas – Consultoria – PJ
05.750 a 05.799	Profissionais especializados – Consultoria – PF
06.	**Superestrutura**
06.001 a 06.099	Pré-fabricados de concreto
06.100 a 06.199	Lajes e painéis pré-fabricados
06.200 a 06.299	Estruturas metálicas
06.700 a 06.749	Empresas especializadas – Consultoria – PJ
06.750 a 06.799	Profissionais especializados – Consultoria – PF

Fig. A.2 *(continuação)*

E por aí vai...

Exercício: complete essa classificação por sua conta e de acordo com suas necessidades! (Se desejar, entre em contato que lhe envio uma sugestão de codificação completa.)

184 Guia da construção civil: do canteiro ao controle de qualidade

As Figs. A.3 e A.4 apresentam, respectivamente, um pedido de compra e um quadro comparativo simples.

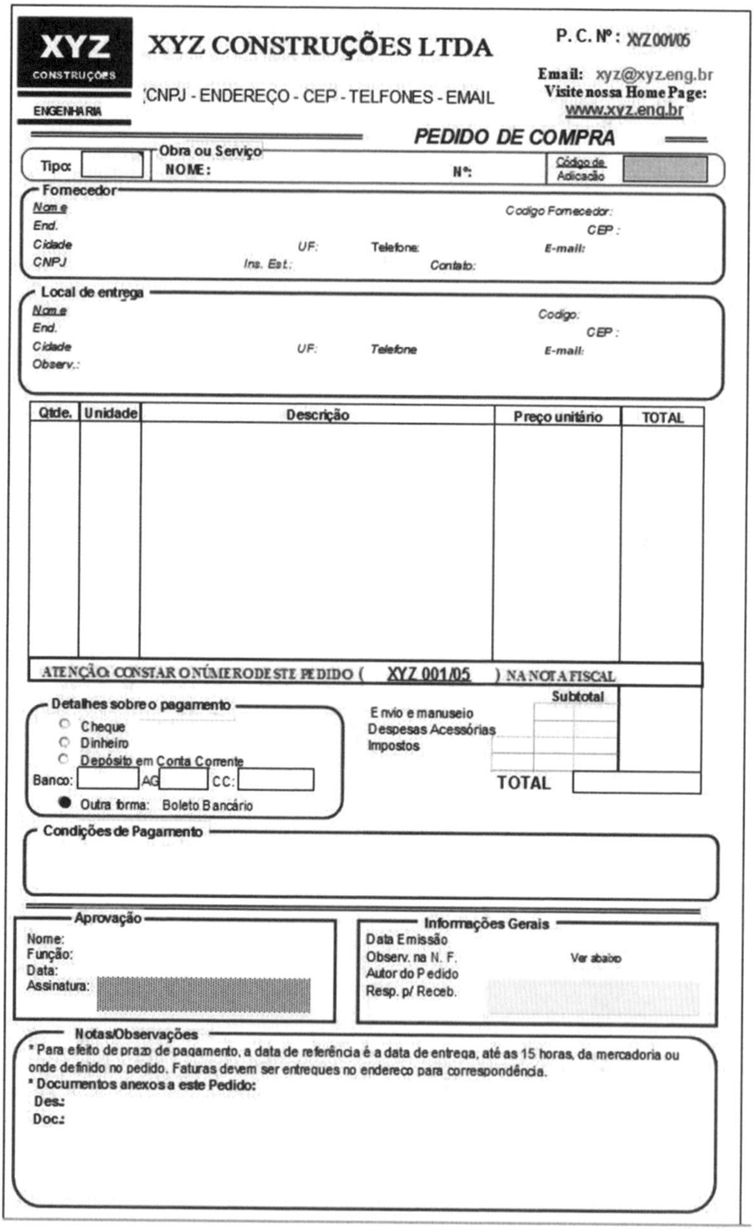

Fig. A.3 *Pedido de compra*

LOGOMARCA DA EMPRESA

MODELO 1

MAPA COMPARATIVO DE PREÇOS (R$)				COLETA DE PREÇOS Nº:			DATA:	
				NOME DAS FIRMAS PARTICIPANTES				
				01	02	03	04	05
ITEM	UNID.	QUANT.	DISCRIMINAÇÃO DE MATERIAIS	VALORES				

RESULTADO FINAL

Nº	FIRMA	ITENS	VALOR TOTAL
01			
02			
03			
04			
05			

NOME DO PROJETO: _____

LOCAL / DATA: _____
BENEFICIÁRIO(A) _____

ASSINATURA: _____

Fig. A.4 *Quadro comparativo simples*

Observação: na internet, além desse modelo de quadro comparativo, você encontrará inúmeros outros, com maiores ou menores detalhamentos. Vale a pena uma consulta, pois pode lhe propiciar um quadro mais adequado a suas necessidades. Essa recomendação vale também para o pedido de compra e para inúmeros outros impressos de que você venha a precisar!

Anexo 2   Granulometria de solos

O tamanho dos grãos refere-se às dimensões físicas das partículas de uma rocha ou de um outro sólido e pode variar de extremamente pequeno (partículas coloidais) a maiores, como argila, silte, areia, cascalho, matacão e rochas.

A nomenclatura para a descrição do tamanho dos grãos é um fato importante para os geólogos, porque o tamanho e o formato do grão definem a maioria das propriedades básicas dos sedimentos.

Tradicionalmente, os geólogos costumam dividir os sedimentos em quatro classificações, que incluem o grânulo, a areia, o silte e a argila, e essas classificações são baseadas em relações das várias proporções da fração.

No Brasil, segundo a ABNT NBR 6502/95, temos a classificação dos solos mostrada na Tab. A.1, de acordo com sua granulometria.

Tab. A.1 CLASSIFICAÇÃO DOS SOLOS EM FUNÇÃO DA GRANULOMETRIA

Classificação	Diâmetro dos grãos (mm)
Bloco de rocha	$d > 1.000$
Matacão	$200 < d \leq 1.000$
Seixo	$60 < d \leq 200$
Pedregulho	$2 < d \leq 60$
Areia grossa	$0,6 < d \leq 2$
Areia média	$0,2 < d \leq 0,6$
Areia fina	$0,06 < d \leq 0,2$
Silte	$0,5 < d \leq 0,05$
Argila	$d \leq 0,002$

Índice remissivo

A

ABNT 89
Agenda de trabalhos 158
Alvenarias 79
Análises de desempenho 176
Anteprojeto 15
Apiloamento 51
Areia fina 102, 186
Areia média (lavada) 103, 186
Argamassas 48, 105
Armadura 49
Aterramento × neutro 99
Atividades 27
Azulejos 105

B

Barbacãs 60
Base de dados 121
Bases de trabalho 126, 160, 172
BDI 157
Blocos de fundação 64
Bota-fora 40

C

Cadastro de fornecedores 35, 181
Caixas de inspeção 52
Canteiro de obra 21, 44

Caranguejos 49, 74, 76
Catenária 57, 92
Chapisco 102
Cimento-cola 49, 107
Concreto estrutural 48, 68
Concreto magro 48, 53
Conduítes 92, 94
Conflitos de cronograma 154
Controle de obra 125
Costela 49, 67, 76, 77
Cota de arrasamento 64, 66
CPM (diagrama) 147, 150, 158
Cronograma de barras 146, 149
Cronograma de Gantt 146, 149
Cronograma físico-financeiro 163, 169
Cura do concreto 78
Curva ABC 130, 144, 168

D

Definição de recursos e durações 135
Diário de obra 175
Drywall 79

E

Eletrodutos 92
Emboço 102
Encunhamento 81

Envelopamento 58
EPI 39
Escoramento 48, 51, 66, 73, 74, 81, 91
Espaçadores 49, 67, 70, 72, 73, 109
Estacas 53, 59, 64, 65, 69

F
Ferragem 27, 28, 49, 65, 67, 68, 70, 72, 74, 82
Fim da obra 17, 119, 121, 140, 176
Formas 27, 48, 49, 50, 67, 68, 70, 72, 73, 74, 79
Formas metálicas 50

G
Gabarito 44, 45, 46, 53, 57, 64, 67, 87
Gerenciamento 119, 132, 138, 151, 179
Granulometria 186
Grau de compactação 58
Gravata 67, 70, 76, 77
Guia 45, 54, 73, 76, 109

I
Impermeabilização 60, 82, 83, 84, 85
Inconsistência de projeto 16, 116
Item (itemização) 27, 139, 141, 164

L
Lajes 30, 48, 49, 70, 72, 74, 78, 83, 85, 86
Lastro 48, 52, 53, 55, 57, 60, 65, 66, 68
Lençol freático 53, 60, 62
Levantamento planialtimétrico 17

M
mca 96
Memorial descritivo 15, 16, 19, 20, 51, 88
Mestras 53, 56, 86, 87, 103, 108

N
Nega 64, 65
Nivelamento de atividades 155
Nivelamento topográfico 44, 52, 61, 86

O
Off set 52, 55, 137
Orçamento 15, 16, 27, 32, 34, 129, 139, 167
Orçamento analítico 129

P
Padrões de controle 163
Pedido de fornecimento 33
PERT (diagrama) 147, 150
Pilares 49, 69, 74
Pilaretes 79, 80
Pisos e contrapisos 49, 86, 105
Planejamento 20, 125, 131, 145, 156
Poços de visita 52
Proctor 58
Projeto básico 15, 43, 161
Projeto executivo 16, 17

Q
QDL/E 94
Quadro comparativo 33, 184
Quantitativos 19, 25, 141

R
Reaterro 58
Reboco 102
Recepção dos materiais 30, 38
Recursos 126, 127, 135, 137, 146, 153, 161, 172
Rejunte 109
Respaldo 79, 82, 83

Índice remissivo

Revestimentos de paredes e pisos 48, 79, 101, 105, 112

S
Sarrafo 53, 67, 77
Sintaxes 62, 172
Sondagem a trado 62
Sondagem SPT (a percussão) 62

T
Tabeira 45, 46, 47
Tabela de classificação dos solos por resistência 63
Tábua 45, 55, 58, 73, 74
Taxa de resistência do solo 63
Teste de estanqueidade 57, 84
Traço 26, 48, 102, 107, 121
Travamento de formas 48, 70, 74
Trespasse 49
Tubulação por gravidade 52
Tubulação pressurizada 52
Tubulões 64, 66

V
Vedações 83
Vergas 79, 81
Vigas 49, 50, 72, 74
Vigas baldrames 69